AF471406

LE TRÉSOR DU LABOUREUR.

DIJON,

IMPRIMERIE LOIREAU-FEUCHOT,

rue Chabot-Charny, 40.

LE

TRÉSOR DU LABOUREUR

OU INSTRUCTION RAISONNÉE

POUR S'ENRICHIR

DANS L'AGRICULTURE,

PAR J. VAREMBEY.

A Paris,

CHEZ Mme BOUCHARD-HUZARD, LIBRAIRE,
rue de l'Éperon, n° 7.

1852.

LE TRÉSOR DU LABOUREUR.

PREMIÈRE PARTIE.

Théorie de l'Assolement rationnel. — Ordre dans la Succession des Récoltes qui le composent.

Dans mes lettres publiées sur l'euphorimétrie, j'ai essayé de poser les fondements de cette doctrine nouvelle qui, faisant de l'agriculture une science exacte, permet de calculer d'avance avec précision les produits de tous les assolements imaginables et de connaître l'état d'amélioration ou de détérioration dans lequel ils laissent le sol. J'ai indiqué comment on pouvait mesurer et graduer la fécondité; comment on pouvait déterminer en chiffres celle qui se trouve dans le sol, celle qui en est enlevée par les récoltes épuisantes, comme les céréales; celle qui y est ajoutée par le fumier ou par les récoltes et cultures améliorantes, comme les légumineuses fauchées en vert, la jachère, le pâturage semé; en un mot, celle qui reste à la suite de toutes les opérations agricoles.

Ce sont là des résultats d'une immense utilité pour la pratique raisonnée de l'agriculture, puisque plus rien n'est laissé à l'incertude ou au hasard dans les combinaisons de l'assolement : on sait d'avance combien devra produire chacune des récoltes que l'on veut faire entrer dans une rotation projetée, et de quelle quantité exacte de fécondité le terrain s'en trouvera enrichi ou appauvri.

La nouvelle théorie agronomique que j'ai exposée sous le nom d'*Euphorimétrie* (mesure de la fertilité) n'est point un de ces systèmes chimériques qui ne reposent que sur des conjectures plus ou moins habilement présentées; c'est une science exacte, fondée sur des principes certains, mathématiquement déduits des lois immuables de la nature. Certes! la fécondité de la terre n'est pas un être de raison; c'est une propriété bien réelle, susceptible de graduation et par conséquent de mesure. Tel champ est, en effet, plus fertile que tel autre; le même champ perd ou acquiert de la fertilité à la suite d'une récolte épuisante ou d'une récolte améliorante. La fécondité peut donc être mesurée, et elle ne peut l'être évidemment que par ses effets de végétation.

Pour résoudre ce problème si difficile en apparence, mais si simple en réalité, j'ai adopté pour unité de mesure ou valeur d'un degré de l'échelle euphorimétrique l'effet de végétation produit par une voiture de fumier du poids de mille kilogrammes (1) appliquée à un hectare de terrain, et j'ai constaté que cet effet de végétation donnait pour les céréales une augmentation de produits par hectare, savoir :

En blé,	de	0^h,350	décilitres (2).
En seigle,	de	0^h,350	id.
En orge,	de	0^h,416	id.
En avoine,	de	0^h,584	id.

Voilà la première règle fondamentale de l'euphorimétrie : c'est la fixation de l'unité de mesure, la détermination du produit en céréales résultant de l'application d'une voiture de fumier du poids de 1,000 kilogrammes à un hectare de terrain. Avec elle, on peut toujours savoir, d'après la dernière récolte, combien le champ qui l'a produite contenait de degrés de fécondité. Ainsi un champ a donné, par exemple, 14 hectolitres de blé par hectare; s'il n'avait eu qu'un seul degré de fécondité, il n'aurait donné que 35 litres. En divisant 14 hectolires par 35 litres, on trouve qu'il contenait 40

(1) Je fais remarquer une fois pour toutes que, quand je parle d'une voiture de fumier, j'entends une voiture normale, du poids de 1,000 kilog. Les voitures de fumier à 3, 4 ou 5 colliers, telles qu'on les emploie souvent dans les fermes, contiennent des charges du poids d'au moins 1,250 kilog.; en sorte que 4 de ces voitures pourraient représenter jusqu'à 5 voitures normales et quelquefois plus.

(2) Toutes ces quantités sont toujours en sus de la semence.

degrés. La récolte d'un champ d'avoine a été de 14 hectolitres 60 litres par hectare ; en divisant ce nombre par 584 décilitres, qui aurait été le produit d'un hectare d'avoine si le champ n'avait eu qu'un degré de fécondité, on trouve qu'il contenait 25 degrés. On opère d'une manière analogue pour une récolte de seigle ou pour une récolte d'orge.

Une fois qu'on connaît la quantité de fécondité contenue dans un sol, rien n'est plus facile que de déterminer d'avance combien il produira de blé, de seigle, d'orge ou d'avoine. On sait, par exemple, qu'un champ renferme 80 degrés de fécondité ; on y sème du blé, et on désire connaître d'avance quelle quantité il en produira : comme chaque degré de fécondité produit 35 litres de blé par hectare, il suffit de multiplier 35 litres par 80 degrés, et on trouve que le champ en question devra donner 28 hectolitres de blé par hectare. On opère de la même manière pour le seigle, pour l'orge et pour l'avoine. Ainsi, lorsqu'on est assuré qu'un champ possède 36 degrés de fécondité et qu'on veut savoir ce qu'il pourra produire d'avoine, on multiplie 584 décilitres par 36 degrés, et on apprend qu'il donnera par hectare 21 hectolitres d'avoine, etc., etc.

Mais si une quantité déterminée de fécondité dans le sol produit une quantité proportionnelle de céréales, celles-ci, à leur tour, lui enlèvent une quantité aussi proportionnelle de cette fécondité qui les a fait naître ; proportion qui varie selon l'espèce de céréale produite. Des observations multipliées ont fait reconnaître que de la fécondité totale existante dans la sol

Le blé absorbe les deux cinquièmes ou 40 pour 100 ;
Le seigle absorbe les trois dixièmes ou 30 pour 100 ;
L'orge et l'avoine absorbent le quart ou 25 pour 100.

Voilà la seconde règle fondamentale de l'euphorimétrie : c'est la détermination de l'épuisement occasionné par les récoltes de céréales. Avec elle on peut connaître exactement l'état de fécondité où se trouve le sol après chaque récolte de céréales, et par conséquent ce qui lui reste de puissance de production ou ce qu'il réclame de secours pour être remis en état de donner de nouveaux produits de quelque importance. Ainsi, dans l'hypothèse posée plus haut d'un champ qui a donné 14 hectolitres de blé par hectare et qui dès lors possédait 40 degrés de fécondité, la récolte lui ayant enlevé les deux cinquièmes ou 40 pour 100 de cette fécondité, il ne lui en restait plus que 24 degrés. Dans cet état, le champ est encore capable de produire en avoine 24 fois 584 décilitres, c'est-à-dire 14 hectolitres de cette céréale, ou en orge 24 fois 416 décilitres, c'est-à-dire près de 10 hectolitres par hectare. Mais cette nouvelle récolte elle-même lui enlève le quart de ces 24 degrés et il n'en reste plus que 18. Si, sans le relever de cet épuisement, on en exigeait encore une récolte immédiate de blé, il n'aurait plus la force que d'en produire 18 fois 35 litres, c'est à-dire 6 hectolitres 30 litres par hectare, et cette nouvelle récolte emportant encore les deux cinquièmes de la fécondité du sol, ne lui laisserait plus que $10^{\circ},80$ (1). Si, au contraire, après la récolte d'avoine ou d'orge on donne au sol le bénéfice d'une jachère qui lui rend un peu plus de 4 degrés de fécondité, et si on lui applique en outre 18 voitures de fumier de 1,000 kilogrammes par hectare, sa fécondité se trouve reportée à 40 degrés, et il redevient en état de produire de nouveau 40 fois 35 litres de blé ou 14 hectolitres par hectare.

Chaque degré de fécondité dans le sol fait produire 35 litres de blé par hectare. Mais ces 35 litres de blé n'absorbant que les deux cinquièmes ou 40 pour 100 du degré de fécondité qui les a fait naître, pour savoir ce qu'un degré entier absorbé produit de blé par hectare il faut dire : Si $0^{\circ},40$ absorbés produisent 35 litres de blé, combien 1 degré absorbé en produit-il? ou $0^{\circ},40 : 0^{h},35^{l} :: 1^{\circ} : x = \frac{0,35 \times 1}{0,40} = 0^{h},875^{d}$. Chaque degré de fécondité absorbé par une récolte de blé

(1) Le petit zéro au-dessus d'un chiffre signifie *degré*. Ainsi $10^{\circ},80$ veut dire 10 degrés et 80 centièmes de degré.

produit donc 875 décilitres par hectare ; 40 degrés absorbés produisent donc 35 hectolitres par hectare ; 8 degrés absorbés produisent donc 7 hectolitres. On détermine par des opérations analogues combien 1 degré entier absorbé produit de seigle, d'orge ou d'avoine par hectare, et on trouve que :

1 degré absorbé	par une récolte	de seigle	produit	$1^h,167^d$.
—	—	d'orge	—	$1^h,664^d$.
—	—	d'avoine	—	$2^h,336^d$.

Les cultures et récoltes améliorantes n'ont pas seulement pour effet de laisser *reposer* la terre, comme on le dit vulgairement, c'est-à-dire de suspendre les causes d'épuisement qui agissent sur elle par la production des céréales, mais elles ont encore pour effet de lui redonner une quantité de fécondité proportionnée à celle préexistante dans le sol ; en sorte que plus celui-ci est riche, plus il est amélioré par ces causes particulières de fertilisation. Des observations suivies avec soin ont établi qu'un champ pourvu de 16 degrés de fécondité ne gagne que 4 degrés par la jachère, tandis qu'il acquiert 8 degrés s'il en possède déjà 56. De même, une légumineuse fauchée en vert améliore seulement de 4 degrés un sol qui n'a que 24 degrés, tandis qu'elle l'améliore de 8 degrés quand il en a déjà 44, et de 12 degrés s'il en a 64. Enfin, le pâturage semé enrichit de 4 degrés par an le sol qui conservait encore 16 degrés de fécondité, tandis que la bonification n'est que de 2 degrés par an s'il ne lui en restait plus que 6 au moment où le pâturage a été établi. D'où il suit que l'amélioration produite par la jachère s'accroît d'un degré à mesure qu'il se trouve 10 degrés de plus dans le sol où on la pratique, et que celle apportée par les légumineuses fauchées en vert ou par le pâturage s'accroît aussi d'un degré à chaque augmentation de 5 degrés dans la fécondité préexistante.

Voilà la troisième règle fondamentale de l'euphorimétrie : c'est la fixation de la quantité de fécondité apportée au sol par les cultures et récoltes améliorantes proportionnellement à celle qui s'y trouvait déjà. Cette règle concourt avec les deux premières à guider sûrement l'agriculteur dans sa marche et ses combinaisons de culture. Mais, de plus, elle conduit invinciblement à cette éclatante vérité, qui devrait être écrite en lettres majuscules dans tous les baux à ferme : c'est de NE JAMAIS APPLIQUER LE FUMIER IMMÉDIATEMENT AUX CÉRÉALES, MAIS BIEN AUX RÉCOLTES AMÉLIORANTES QUI LES PRÉCÈDENT.

En effet, du moment qu'il est avéré qu'une récolte améliorante introduit dans le sol une quantité de fécondité proportionnée à celle qu'elle y trouve, n'est-il pas évident qu'en appliquant le fumier à cette récolte on augmente tout à la fois son produit et sa puissance d'amélioration, et qu'en définitive le sol y fait un gain notable de fécondité? Citons un seul exemple : un hectare de terrain a 14 degrés de fécondité ; on y sème des vesces sans fumier, parce qu'on le réserve pour la semaille du blé qui doit suivre; les vesces sont fauchées en fleur, puis on applique 30 voitures de fumier et on sème du blé. Que se passe-t il dans cette opération? Les vesces, végétant sur un terrain de 14 degrés de fécondité, ne donnent que 1,600 kilogrammes de fourrage, n'ajoutent que 2 degrés aux 14 degrés qu'elles ont trouvés, ce qui porte la fécondité du sol à 16 degrés; les 30 voitures de fumier l'élèvent à 46 degrés, qui donnent 46 fois 35 litres ou 16 hectolitres 10 litres de blé, et la fécondité du sol descend à 27°,60. On y sème de l'orge, qui produit 416 décilitres multipliés par 27°,60, c'est-à-dire 11 hectolitres 48 litres, et il reste 20°,70 de fécondité dans le sol.

Au lieu de cela, que serait-il arrivé si les 30 voitures de fumier eussent été appliquées à la semaille des vesces? Elles auraient élevé la fécondité à 44 degrés; les vesces auraient donné 5,200 kilogrammes de fourrage au lieu de 1,600; elles auraient amélioré le sol de 8 degrés au lieu de 2, ce qui aurait porté sa fécondité à 52 degrés; le blé aurait donné 52 fois 35 litres ou 18 hectolitres 20 litres au lieu de 16 hectolitres 10 litres; la fécondité ne serait descendue qu'à 31°,20; l'orge aurait produit 416 décilitres multipliés par 31°,20, c'est-à-dire 12 hectolitres 98 litres au lieu de 11 hectolitres 48 litres, et il serait resté dans le sol 23°,40 de fécondité au lieu de 20°,70 (1).

(1) J'ai souvent entendu des agriculteurs se plaindre de ce qu'ils récoltaient moins de blé et moins d'orge lorsqu'ils avaient cultivé des pois ou des vesces dans la jachère que lorsqu'ils avaient fait une jachère pure. La raison de cette différence est bien simple : c'est qu'ils avaient récolté les vesces ou les pois en grain au lieu de les faucher en fourrage. Pour faire exactement apprécier les fâcheux résultats de cette pratique, supposons, comme nous venons déjà de le faire, un hectare ayant 14 degrés de fécondité et devant recevoir 30 voitures de fumier dans la jachère ; trois cas peuvent se présenter : ou faire une jachère pure, ou y semer des vesces pour les récolter en grain, ou les semer pour les faucher en fourrage. Le tableau suivant indique le mouvement euphorimétrique qui s'opère dans les trois hypothèses.

	JACHÈRE PURE.	VESCES EN GRAIN.	VESCES EN FOURRAGE.
Fécondité.	14°, »	14°, »	14°, »
Fumier (*).	+ 30, »	+ 30, »	+ 30, »
Jachère.	+ 6, 80	»	»
Vesces.	»	— 5, »	+ 8, »
TOTAL OU RESTE.	50, 80	39, »	52, »
Blé.	— 20, 32	— 15, 60	— 20, 80
RESTE	30, 48	23, 40	31, 20
Orge	— 7, 62	— 5, 85	— 7, 80
RESTE	22, 86	17, 55	23, 40
Produits.	Blé, 17h,78l Orge, 12 ,68	Blé, 13h,65l Orge, 9, 73	Blé, 18h,20l Orge, 12, 98

Ce tableau dessine nettement la situation dans les trois cas. On voit que les produits en blé et en orge de l'hectare où les vesces ont été récoltées en grain dans la jachère sont bien inférieurs, soit à ceux de l'hectare où les vesces ont été fauchées en fourrage, soit même à ceux de l'hectare qui a été soumis à la jachère pure, et qu'il aurait fallu, pour le remettre au niveau du premier, lui redonner 13 voitures de fumier après la récolte des vesces en grain, ou lui en redonner 12 voitures pour l'égaler à celui qui a subi la jachère pure.

(*) Le signe + indique une addition de fécondité, et le signe — indique un retranchement.

Ainsi, sans parler des 2°,70 de fécondité qui seraient restés en plus dans le sol, la différence des produits en argent aurait été par hectare d'au moins 280 fr. de bénéfice pur dans trois ans. Ces résultats sont bien autrement sensibles lorsqu'au lieu d'une légumineuse annuelle il s'agit d'une légumineuse vivace, comme la luzerne ou le sainfoin, ou d'un pâturage semé, qui, occupant le sol pendant plusieurs années, accroissent tous les ans sa fécondité dans la proportion de celle dont il était déjà pourvu, indépendamment de leurs plus abondants produits. J'ai consigné ailleurs ces résultats si concluants.

Tel est le resumé de la théorie développée dans mes premières lettres.

Après avoir déterminé l'élément constitutif du degré de fécondité, sa valeur ou force productive sur les céréales, il fallait encore établir aussi exactement que possible sa puissance de végétation sur les diverses légumineuses à fourrage et sur les récoltes-racines, afin d'avoir des moyens plus complets d'évaluation et de comparaison pour l'étude des assolements. Je n'avais d'abord présenté à cet égard que des chiffres conventionnels, en m'efforçant toutefois de les rapprocher le plus possible de ce qui me semblait la vérité. Depuis, les nombreuses observations pratiques que j'ai faites, celles qui m'ont été communiquées, les recherches persévérantes auxquelles je me suis livré dans les écrits des meilleurs agronomes de toutes les nations, me permettent de constater qu'en moyenne, dans les années ordinaires exemptes d'accidents calamiteux, d'*excès* de sécheresse, de froid et d'humidité, chaque degré de fécondité contenu dans le sol fait produire annuellement par hectare :

En Luzerne (1), 240 kilogrammes de foin sec ;
Trèfle (2), 160 id. ;

(1) Fauchée avant l'apparition des boutons à fleur.

(2) Fauché quand le champ commence à prendre une couleur purpurine.

Sainfoin (1),	120 kilogrammes de foin sec ;	
Vesces (2),	120 id. ;	
Betteraves,	900 kilogrammes ;	
Navets ou turneps,	900 id. ;	
Pommes de terre,	275 id.	(3h,25l).

Ces données peuvent être considérées comme très-approximatives ; mais il faut qu'on sache bien qu'elles supposent une culture parfaite pour toutes les récoltes, et, de plus, pour les légumineuses un léger plâtrage (3) et un fauchage opportun.

Il n'est pas moins utile, pour la plus grande précision des calculs, d'établir le plus exactement possible le rapport qui existe dans les récoltes de céréales entre le produit en grain et le produit en paille. Ce rapport varie beaucoup moins qu'on ne serait tenté de le croire. Quand la récolte est peu abondante en grain, les épis sont moins nombreux, moins allongés, moins pleins, et par suite les tiges de paille sont plus rares, plus courtes, plus grèles, plus légères ; aussi, des vérifications très-nombreuses faites en Allemagne ont donné pour résultat qu'un poids de 100 kilogrammes de paille correspondait à un poids en grain qui variait :

Pour le blé,	de 48 à 52 kilog.;	poids moyen,	50 kilog.
Pour le seigle,	de 38 à 42	id.	40
Pour l'orge,	de 62 à 64	id.	63
Pour l'avoine,	de 60 à 62	id.	61

La même chose a été observée en Angleterre, où, en cherchant le poids entier de la récolte d'un acre de blé, on a trouvé 13 quintaux de grain et 26 quintaux de paille et menue paille.

Or, tout le monde sait que :

(1) Fauché en pleine fleur.

(2) Fauchées en fleur avant la formation des cosses ou siliques.

(3) Pour le sainfoin *exclusivement*, les cendres de houille m'ont paru supérieures au plâtre.

1 hectolitre	de blé *pur* pèse,	en moyenne,	78 kilog.
Id.	de seigle	id.	73
Id.	d'orge	id.	58
Id.	d'avoine	id.	44

Il en résulte que :

1 hect.	de blé donne,	en moyenne,	156 kilog. de paille.
Id.	de seigle	id.	182
Id.	d'orge	id.	92
Id.	d'avoine	id.	72

Dans mes premières lettres, j'avais indiqué un rapport du grain à la paille différent de celui-ci, mais il était erroné. Je l'avais emprunté au baron Crud, qui lui-même l'avait puisé dans Thaër. L'erreur commise par le baron Crud, vient de ce qu'il a donné à la livre de Berlin la valeur du demi-kilogramme, tandis qu'elle ne pèse que 0^k,4644. C'est par suite de cette erreur qu'il attribue à l'hectolitre de blé *pur* un poids moyen de 84 kilogrammes, au lieu de 78 qu'il dépasse rarement.

L'euphorimétrie, en faisant connaître d'avance les résultats positifs de tous les systèmes de culture, guide avec certitude l'agriculteur dans le choix des meilleures combinaisons d'assolement; elle fait voir en chiffres exacts les quantités de fécondité qui seront données ou enlevées au sol, les quantités de produits de toute nature qui seront récoltés, et par suite les avantages qu'il devra recueillir ou les mécomptes qu'il pourrait rencontrer.

C'est après avoir employé ces ressources de la science à la recherche d'un assolement très-productif de blé et de fourrage, et en même temps favorable à l'accroissement de la fécondité native du sol, que j'ai indiqué dans ma cinquième lettre un assolement rationnel de 21 ans, qui reçoit à son début et pour toute sa durée une seule fumure de 66 voitures par hectare, fumure appliquée non à des céréales, mais à une récolte améliorante, qui, occupant le sol pendant plusieurs années, double et au-delà l'action fertilisante du fumier employé.

Cet assolement rationnel, qui est un perfectionnement de celui pratiqué avec tant de succès dans la plaine de Nîmes, produit en effet des récoltes très-abondantes de blé et de fourrage. Cependant il est susceptible lui-même de recevoir encore de notables améliorations, ainsi qu'on le verra bientôt.

Pour avoir des points certains de comparaison qui mettent en relief ses avantages, présentons d'abord l'état des produits bruts d'un hectare de terrain soumis à l'assolement triennal pur dans des conditions diverses de fumure.

La persistance pendant longues années, pendant 30 ans par exemple, d'un fumage abondant ou d'un fumage mesquin, a une influence radicale sur la fécondité propre des terres d'un domaine soumis à ce mode de culture, sur leurs produits, et par suite sur le fermage possible qui sert de base ordinaire à l'appréciation vénale du fonds. Dans la réalité, c'est la longue pratique d'une forte ou d'une faible fumure, bien plus que la composition chimique des terres, qui donne à celles-ci une haute ou une basse valeur. Un sol, quel qu'il soit, ayant une profondeur arable de 40 à 50 centimètres, pourvu qu'il ne soit ni de l'argile absolument pure, ni un gravier entièrement dépourvu de parties terreuses, qui a reçu pendant 30 ans une forte fumure de 50 voitures normales dans la sole de jachère, a acquis, d'après les calculs de l'euphorimétrie, une fécondité propre de 51°,14; la récolte de blé y absorbe moyennement 45°,46, produisant par hectare 39 hect. 78 litres valant (1). 795f 60c

La récolte d'orge absorbe 17°,05, produisant 28 hectolitres 30 litres valant. 297 88

A reporter. 1,093 48

(1) Je continue à évaluer, comme dans mes premières lettres, le blé au prix moyen de 20 fr. l'hectolitre; le seigle, 15 fr.; l'orge, 10 fr. 50 c.; l'avoine, 7 fr. 50 c.; la paille, 30 fr. les 1,000 kilogrammes; le foin, 60 fr. les 1,000 kilogrammes.

Report.	1,093 48
Ces récoltes fournissent 8,800 kilogrammes de paille valant.	264 »
Total du produit brut de 1 hect. dans 3 ans	1,357 48
Produit brut moyen par hectare et par année. .	452 49

dont : le tiers pour fermage.	150f 83c
le tiers pour frais de culture. . .	150 83
le tiers pour profits du fermier. .	150 83
Total pareil.	452 49

Un sol ainsi cultivé, et pour lequel on dispose d'une pareille quantité d'engrais, peut donc facilement être amodié au prix de 150 fr. l'hectare, avec un beau bénéfice pour le fermier, et la valeur réelle du fonds n'est certainement pas inférieure à 3,000 fr. l'hectare.

Le *même sol*, eût-il été doué d'une fécondité originaire de 300 degrés, s'il ne reçoit plus qu'une misérable fumure de 3 voitures par hectare dans la sole de jachère, sera descendu au bout de 30 ans à une fécondité propre de 7°,09 (1) ; la

(1) Si l'on eût continué d'y semer du blé et de l'orge, sa fécondité propre serait descendue à 5°,07, et le produit moyen serait :

Blé, 4°,51 ; — 3 hectolitres 94 litres.	78f 80c
Orge, 1°,69 ; — 2 hectolitres 81 litres.	29 58
Paille, 800 kilogrammes.	24 »
Produit de 3 ans.	132 30

Enfin, si on l'eût perpétuellement cultivé *sans fumier* en jachère, seigle et avoine, sa fécondité propre serait descendue à 3°, et son produit moyen serait :

Seigle, 1°,70 ; — 1 hectolitre 98 litres.	29f 70c
Avoine, 1°,00 ; — 2 hectolitres 34 litres.	17 55
Paille, 500 kilogrammes.	15 »
Produit de 3 ans.	62 25

récolte de seigle y absorbera alors moyennement 4°,05, produisant par hectare 4 hectolitres 73 litres valant 70f 95c

La récolte d'avoine absorbera 2°,36, produisant 5 hectolitres 51 litres valant. 41 33

Ces récoltes donneront 1,250 kil. de paille valant 37 50

Total du produit brut de 1 hect. dans 3 ans. . . 149 78

Produit brut moyen par année. 49 93

dont le tiers, représentant le fermage, serait de 16 fr. 64 c. par hectare, somme à laquelle le propriétaire sera forcé d'abaisser le prix d'amodiation de terres n'ayant plus qu'une valeur intrinsèque d'environ 333 fr. l'hectare, et sans que le fermier, réduit à cette indigence de fumure, puisse même avoir la perspective d'un profit suffisant, si les clauses de son bail ou sa propre volonté l'empêchent de sortir de l'ornière triennale, qui n'offre des bénéfices assurés au cultivateur qu'au prix d'une énorme consommation de fumier.

Entre ces deux situations, qu'on peut appeler extrêmes, choisissons pour types de comparaison avec l'assolement rationnel deux cas intermédiaires de culture triennale : celui d'un hectare recevant habituellement dans la sole de jachère une bonne fumure moyenne de 30 voitures normales (1), et celui plus ordinaire d'un hectare qui reçoit constamment dans la jachère une modique fumure de 20 voitures seulement.

La théorie euphorimétrique établit qu'un hectare de terrain qui a reçu pendant 30 ans une fumure de 30 voitures dans la sole de jachère possède une fécondité propre de 31°,55 ; 30 voitures de fumier appliquées à la jachère portent cette fécondité à 61°,55 ; les labours de jachère y ajoutent eux-mêmes 8°,55 ; total, 70°,10. La récolte de blé absorbe 40 pour 100 ou 28°,04 ; il reste 42°,06. La récolte d'orge qui suit absorbe le quart ou 10°,51 , et le sol se retrouve à son état de fécondité propre de 31°,55.

(1) Voyez la note au bas de la page 6.

Les 28°,04 absorbés par le blé produisent 24 hect. 54 litres valant. 490^{f} 80^{c}

Les 10,51 absorbés par l'orge produisent 17 hect. 50 litres valant. 185 75

Paille, 5,400 kilogrammes valant. . . . . 162 »

Total des produits bruts de 1 hect. dans 3 ans 838 55

Produit brut moyen par année. 279 52

dont : le tiers pour fermage. . . . . 93^{f} 17^{c}

le tiers pour frais de culture. . . . 93 17

le tiers pour bénéfices du fermier. 93 17

Total pareil. 279 52

L'hectare de terrain habituellement soumis à ce régime de fumure donne donc un produit brut moyen de 279 fr. par année ; il peut supporter un prix d'amodiation de 90 à 93 fr., et sa valeur réelle s'élève au moins à 1,800 fr.

Quant à l'hectare qui reçoit régulièrement une modique fumure triennale de 20 voitures seulement, sa fécondité propre est de 21°,74, qui sont portés à 41°,74 par les 20 voitures de fumier données à la jachère ; la jachère elle-même ajoute 6°,57 ; total, 48°,31. La récolte de blé absorbant 19°,32 de cette fécondité, la réduit à 28°,99 ; la récolte d'orge s'en approprie le quart, qui est de 7°,25, et la fait redescendre à son chiffre normal de 21°,74.

Les 19°,32 absorbés par le blé produisent 16 hectolitres 90 litres valant . . . . 338^{f} »^{c}

Les 7°,25 absorbés par l'orge produisent 12 hectolitres 6 litres valant. 126 63

Paille, 3,700 kilogrammes valant. . . . . 111 »

Valeur totale des produits bruts de 3 ans. . . 575 63

Produit brut moyen par année. 191 88

dont : le tiers pour fermage. . . . . . 63^{f} 96^{c}

le tiers pour frais de culture. . 63 96

le tiers pour profits du fermier. 63 96

Total pareil. . . . 191 88

Ainsi, l'hectare de terrain soumis à la culture triennale et restreint à une modique fumure de 20 voitures dans la sole de jachère n'atteint guère un prix d'amodiation qui dépasse 64 fr., ni une valeur intrinsèque qui excède 1,300 fr.

Le rapprochement de ces diverses opérations euphorimétriques confirme une vérité de fait depuis longtemps observée : c'est que, dans le système triennal qui a été si longtemps la seule règle de culture suivie dans toute l'Europe, la fertilité des terres d'un domaine, leurs produits, et par suite leur valeur réelle, sont déterminés par l'importance des prés naturels qui y sont annexés. Là où les domaines ont un large contingent de prairies naturelles, la culture triennale est florissante, productive ; les baux sont tenus à des prix élevés. Au contraire, elle est languissante, misérable là où les prés naturels font défaut. Que faut-il faire pour procurer à cette seconde situation tous les avantages de la première? Il faut absolument changer de système, renoncer à une pratique qui ne peut prospérer que dans des circonstances privilégiées, y substituer un mode de culture raisonné, qui, en même temps qu'il crée d'abondants fourrages, épargne de moitié la consommation du fumier, rétablit la fécondité épuisée du sol, et procure en céréales seulement des récoltes d'une valeur supérieure aux produits les plus élevés de l'assolement triennal pratiqué dans les conditions d'une bonne fumure ordinaire. C'est ce mode de culture raisonné et nouveau, mathématiquement déduit des lois les plus invariables de la nature, que j'ai désigné sous le nom d'*assolement rationnel.*

Après avoir posé des types de comparaison et scientifiquement déterminé leurs produits et leur état de fécondité, je reviens à l'assolement rationnel que j'ai proposé dans ma cinquième lettre, et, avant de faire connaître les notables perfectionnements dont il est encore susceptible, je le reproduis d'abord sous sa forme primitive, avec le même ordre dans la succession des récoltes. J'y soumets un hectare de terrain se trouvant dans les conditions de fécondité propre que lui a faites la culture triennale pratiquée avec une modique fumure de 20 voitures, c'est-à-dire possédant 21°,74 au moment de son entrée en jachère; je lui applique au début et pour toute la durée de l'assolement, qui est de 21 ans, 70 voitures de fumier, faisant juste la moitié des 140 voitures qu'il aurait consommées dans ce laps de temps s'il eût continué à être cultivé suivant la méthode triennale. Les résultats indiqués. par l'euphorimétrie seront ceux consignés dans le tableau ci-après.

Pour faciliter l'intelligence de ce tableau et de tous ceux qui le suivront, il est nécessaire d'expliquer à ceux qui n'ont pas lu mes *Lettres sur l'Euphorimétrie* ce qu'on entend par *fécondité disponible :* c'est celle dont les éléments sont solubles et susceptibles d'être immédiatement aspirés par les plantes dans l'acte de la végétation, ou du moins de concourir à leur développement. La fécondité *indisponible* est, au contraire, celle dont les éléments existent bien dans le sol, mais à l'état brut et non encore soluble. Par exemple, les racines ligneuses d'une vieille luzerne ou d'un vieux sainfoin rompus mettent 3 ou 4 ans à se dissoudre graduellement et par parties : ce sont des éléments de fécondité, qui figurent dans la colonne de la *fécondité totale*, mais qui ne passent que successivement, par annuités, et à mesure de leur décomposition, dans la colonne de la *fécondité disponible.*

Ier TABLEAU.

Assolement rationnel primitif fumé à 70 voitures.

ANNÉES.	RÉCOLTES.	FÉCONDITÉ ajoutée.	absorbée.	totale.	disponible.
	Fécondité actuelle. . .	»	»	21°,74	21°,74
1.	Luzerne semée seule et fumée à 70 voitures	87°,55	»	109, 29	109, 29
2, 3, 4, 5.	Luzerne fauchée	70, 20	»	179, 49	109, 29
6.	Blé	»	43°,72	135, 77	83, 12
7.	Vesces fauchées en fleur. .	15, 82	»	151, 59	116, 49
8.	Blé	»	46, 60	104, 99	87, 44
9.	Trèfle.	16, 69	»	121, 68	121, 68
10.	Blé	»	48, 67	73, 01	73, 01
11.	Avoine	»	18, 25	54, 76	54, 76
12.	Sainf. semé seul, sans fum.	10, 15	»	64, 91	64, 91
13, 14, 15.	Sainfoin fauché.	30, 45	»	95, 36	64, 91
16.	Blé	»	25, 96	69, 40	49, 10
17.	Vesces fauchées en fleur. .	9, 02	»	78, 42	68, 27
18.	Blé	»	27, 31	51, 11	51, 11
19.	Trèfle.	9, 42	»	60, 53	60, 53
20.	Blé	»	24, 21	36, 32	36, 32
21.	Avoine	»	9, 08	27, 24	27, 24
	BONIFICATION DU SOL.	5, 50	»	»	»

Blé, 216°,47 absorbés, produisant 189 hectolitres 41 litres valant. . . . . 3,788[f] 20[c]

Avoine, 27°,33 absorbés, produisant 63 hectolitres 84 litres valant 478 80

Paille, 34,100 kilogrammes valant. . . . . 1,023 »

Total du produit brut des céréales dans 21 ans 5,290 »

Produit brut moyen des céréales par année. . . 251 90

A reporter. . . . . 5,290 »

Report.		5,290f »c
Luzerne, 366°,96 (1), produisant 88,000 kilog. valant.	5,280 »	8,736 »
Trèfle, 138°,55, produist 22,100 kilog. valant	1,326 »	
Sainfoin, 164°,28, produisant 19,700 kilog. valant.	1,182 »	
Vesces, 132°,22, produisant 15,800 kilog. valant.	948 »	
Total général des produits bruts de 21 ans		14,026 »
Produit brut moyen par année.		667 90

Voilà sans contredit de très-beaux produits, d'une valeur plus que triple de celle des produits de l'assolement triennal qui reçoit une modique fumure de 20 voitures par hectare, et d'une valeur plus que double de celle des produits du même assolemeut qui reçoit tous les 3 ans une bonne fumure moyenne de 30 voitures par hectare ; et cependant, durant le cours de 21 ans l'assolement triennal consomme 140 voitures de fumier dans la première hypothèse et 210 dans la seconde, tandis que l'assolement rationnel n'en consomme que 70 voitures, c'est-à-dire moitié moins ou les deux tiers de moins.

Cette supériorité si marquée est due principalement à ce que, dans l'assolement rationnel, le fumier est appliqué en

(1) Ce chiffre de 366°,96 signifie que les quatre récoltes annuelles de *luzerne* ont été alimentées par une fécondité totale de 366°,96, chaque récolte annuelle de cette légumineuse ayant végété sur un sol qui avait 21°,74 de fécondité propre, plus 70° ajoutés par 70 voitures de fumier; en tout 91°,74 par année, ou 366°,96 pour les quatre années de récoltes. — Il en est de même des deux récoltes annuelles de *trèfle*, dont l'une a végété sur un sol à qui il restait 87°,44, et l'autre sur un sol n'ayant plus que 51°,11; total, 138°,55 pour les deux récoltes annuelles. — Les trois récoltes annuelles de *sainfoin* ont végété sur un sol ayant 54°,76, ou 164°,28 pour les trois récoltes. — Les deux récoltes de *vesces* ont végété, l'une sur un sol de 83°,12, l'autre sur un sol ayant 49°,10; total, 132°,22 pour les deux récoltes.

totalité à une récolte améliorante qui occupe longtemps le sol, qui le fertilise en proportion de la fécondité déjà introduite qu'elle y rencontre, et qui double ainsi son action bonifiante ; puis aux récoltes améliorantes annuelles qui sont placées entre les récoltes de céréales, et qui réparent dans une certaine mesure l'épuisement que celles-ci font subir au sol.

En comparant l'assolement rationnel avec l'assolement triennal, seulement quant aux récoltes de céréales, qui sont l'unique produit de celui-ci, on voit que, malgré l'énorme différence dans les quantités de fumier qu'ils consomment, le premier présente pour ces récoltes seules un excédant de valeur de plus d'un tiers sur les produits de l'assolement triennal fumé à 20 voitures par hectare.

A la vérité, lorsqu'il s'agit de l'assolement triennal fumé à 30 voitures, la valeur de ses produits se montre un peu supérieure à celle des produits en céréales de l'assolement rationnel : 279 fr. par année, au lieu de 251. Cette différence, si elle n'était pas illusoire, serait bien justifiée par une consommation de fumier deux fois plus forte. Mais je dis qu'elle est illusoire ; et, en effet, l'assolement triennal pratiqué avec une fumure habituelle de 30 voitures par hectare a élevé la fécondité propre du sol à 31°,55, et c'est en fonctionnant sur un sol de cette fécondité qu'il donne un produit brut moyen de 279 fr. par an, tandis que l'assolement rationnel que nous avons établi dans le tableau qui précède l'a été sur un sol de 21°,74 seulement. Or, en pratiquant l'assolement rationnel avec la même quantité de 70 voitures de fumier sur un sol de 31°,55, les calculs euphorimétriques constatent qu'il fournit en céréales un produit brut moyen de 280 fr. 24 c. par année, au lieu des 251 fr. 90 c. qu'il donne sur un sol dont la fécondité propre n'est que de 21°,74.

Au reste, même sur un sol n'ayant que 21°,74 de fécondité propre, l'assolement rationnel *amélioré* donnera, sans augmenter sa fumure, des produits *en céréales* qui dépasseront ceux de l'assolement triennal fumé à 30 voitures et pratiqué sur un sol de 31°,55, ainsi qu'on le verra bientôt.

Puisqu'on est obligé d'admettre en principe, d'après l'observation constante des faits, qu'une légumineuse à fourrage reporte dans le sol une dose de fécondité proportionnée à celle qu'elle y trouve, il devient évident que la formule de l'assolement rationnel inscrite au tableau qui précède pèche en un point essentiel qui réclame une modification indispensable. En effet, l'avoine semée la 11e année enlève 18°,25 de fécondité au sol dans le moment où on va lui confier sans fumier un sainfoin qui doit l'améliorer pendant quatre ans dans la proportion de la fécondité existante; c'est donc amoindrir tout à la fois et ses produits et sa puissance de fertilisation, au détriment de toutes les récoltes qui sont appelées à le suivre.

Pour remédier à ce défaut, on doit supprimer la récolte d'avoine de la 11e année, ce qui permettra de lever une récolte de blé de plus à la fin du cours de l'assolement. Les résultats consignés dans le tableau suivant rendent manifeste l'utilité de cette importante amélioration :

IIe TABLEAU.

Assolement rationnel amélioré, fumé à 70 voitures.

		FÉCONDITÉ ajoutée	FÉCONDITÉ absorbée.	FÉCONDITÉ totale.	FÉCONDITÉ disponible.
	Fécondité actuelle. . .	»	»	21°,74	21°,74
ANNÉES.	RÉCOLTES.				
1.	Luzerne semée seule et fumée à 70 voitures. . . .	87°,55	»	109, 29	109, 29
2, 3, 4, 5.	Luzerne fauchée	70, 20	»	179, 49	109, 29
6.	Blé	»	43°,72	135, 77	83, 12
7.	Vesces fauchées en fleur. .	15, 82	»	151, 59	116, 49
8.	Blé	»	46, 60	104, 99	87, 44
9.	Trèfle.	16, 69	»	121, 68	121, 68
10.	Blé	»	48, 67	73, 01	73, 01
11.	Sainf. semé seul, sans fum.	13, 80	»	86, 81	86, 81
12, 13, 14.	Sainfoin fauché.	41, 40	»	128, 21	86, 81
15.	Blé	»	34, 72	93, 49	65, 89
16.	Vesces fauchées en fleur. .	12, 38	»	105, 87	92, 07
17.	Blé	»	36, 83	69, 04	69, 04
18.	Trèfle.	13, 01	»	82, 05	82, 05
19.	Blé	»	32, 82	49, 23	49, 23
20.	Blé	»	19, 69	29, 54	29, 54
21.	Avoine	»	7, 39	22, 15	22, 15
	BONIFICATION DU SOL.	0, 41	»	»	»

Blé, 263°,05 absorbés, produisant 230 hectolitres 17 litres valant. 4,603f 40c

Avoine, 7°,39 absorbés, produisant 17 hectolitres 26 litres valant. 129 45

Paille, 37,100 kilogrammes valant. . . . . 1,113 »

Total du produit brut des céréales dans 21 ans 5,845 85

Produit brut moyen des céréales par année. . . 278 37

A reporter. 5,845 85

		Report. 5,845f 85c
Luzerne, 366°,96, produisant 88,000 kilog. valant.	5,280 »	
Trèfle, 156°,48, produist 25,000 kilog. valant	1,500 »	
Sainfoin, 219°,03, produisant 26,200 kilog. valant.	1,572 »	9,420 »
Vesces, 149°,01, produisant 17,800 kilog. valant.	1,068 »	
Total général des produits bruts de 21 ans		15,265 85
Produit brut moyen par année.		726 94

Ainsi, par une disposition plus judicieuse dans la succession des récoltes, par une application mieux raisonnée des principes de l'euphorimétrie, on obtient, sans aucune augmentation de dépense en fumier, une augmentation notable dans l'ensemble des récoltes, à l'exception de la luzerne, dont l'abondance ne peut varier qu'avec le nombre des voitures de fumier allouées au début de l'assolement. Le produit brut moyen annuel se trouve porté de 667 à 726 fr., et le produit moyen des céréales seules est accru de 26 fr. par an.

Au reste, ce résultat pouvait être prévu avant toute intervention euphorimétrique; car le sainfoin, rencontrant une plus haute dose de fécondité dans le sol, lui en communique à son tour davantage, en même temps qu'il fournit des coupes beaucoup plus abondantes; et toutes les récoltes qui viennent après lui se ressentent elles-mêmes de cette heureuse influence.

Toutefois, le sol se trouve n'avoir rien gagné en fécondité à la fin de l'assolement. Les trois récoltes de céréales qui le terminent et qui se suivent sans interruption sont la cause de cet état de choses fâcheux, auquel il est heureusement très-facile de remédier en supprimant la récolte d'avoine qui clot l'assolement et en plaçant entre les deux derniers blés une récolte améliorante de vesces à faucher en fleur. Le tableau suivant présente le résultat euphorimétrique de cet utile perfectionnement :

IIIe TABLEAU.

Assolement rationnel perfectionné, fumé à 70 voitures.

		FÉCONDITÉ			
		ajoutée.	absorbée.	totale.	disponible.
	Fécondité actuelle. . .	»	»	21°,74	21°,74
ANNÉES.	RÉCOLTES.				
1.	Luzerne semée seule et fumée à 70 voitures	87°,55	»	109, 29	109, 29
2, 3, 4, 5.	Luzerne fauchée	70, 20	»	179, 49	109, 29
6.	Blé	»	43°,72	135, 77	83, 12
7.	Vesces fauchées en fleur. .	15, 82	»	151, 59	116, 49
8.	Blé	»	46, 60	104, 99	87, 44
9.	Trèfle.	16, 69	»	121, 68	121, 68
10.	Blé	»	48, 67	73, 01	73, 01
11.	Sainf. semé seul, sans fum.	13, 80	»	86, 81	86, 81
12, 13, 14.	Sainfoin fauché.	41, 40	»	128, 21	86, 81
15.	Blé	»	34, 72	93, 40	65, 89
16.	Vesces fauchées en fleur. .	12, 38	»	105, 87	92, 07
17.	Blé	»	36, 83	69, 04	69, 04
18.	Trèfle.	13, 01	»	82, 05	82, 05
19.	Blé	»	32, 82	49, 23	49, 23
20.	Vesces fauchées en fleur. .	9, 05	»	58, 28	58, 28
21.	Blé	»	23, 31	34, 97	34, 97
	BONIFICATION DU SOL.	13, 23	»	»	»

Blé, 266°,67 absorbés, produisant 233 hectolitres 34 litres valant. 4,666f 80c
Paille, 36,400 kilogrammes valant. . . . . . . 1,092 »

Total du produit brut des céréales dans 21 ans 5,758 80

Produit brut moyen des céréales par année. . . 274 23

A reporter. 5,758 80

		Report.	5,758f 80c
Luzerne, 366a,96, produisant 88,000 kilog. valant.	5,280 »	}	9,774 »
Trèfle, 156a,48, produist 25,000 kilog. valant.	1,500 »		
Sainfoin, 219a,03, produisant 26,200 kilog. valant.	1,572 »		
Vesces, 198a,24, produisant 23,700 kilog. valant.	1,422 »		
Total général des produits bruts de 21 ans			15,532 80
Produit brut moyen par année.			739 65

Cette nouvelle modification apporte, il est vrai, une très-légère diminution de 4 fr. par an dans le produit brut moyen des céréales, à cause de la suppression de la récolte d'avoine. Mais cette diminution peu importante est plus que couverte par la valeur d'une troisième récolte de vesces à fourrage, et, en définitive, le produit brut de toutes les récoltes réunies éprouve un accroissement de 266 fr., ou, en moyenne, de 12 fr. par année. De plus, et c'est là le résultat essentiel de la modification, le sol reste amélioré de 13a,23.

Cette disposition dans la succession des divers genres de récoltes me semble devoir constituer le spécimen définitif de l'assolement rationnel.

Je dois consigner ici, pour n'y plus revenir, une recommandation d'une importance capitale, parce qu'elle touche à l'essence même de l'assolement rationnel : c'est de semer la luzerne et le sainfoin toujours SEULS, ainsi que le prescrivent d'ailleurs tous les tableaux, et de ne jamais les associer à une céréale de printemps, comme on le fait d'ordinaire. On pourrait croire qu'on va gagner deux récoltes de céréales dans cette association, et en réalité, au lieu de gain, on n'aurait que des pertes à éprouver : on perdrait sur les céréales elles-mêmes ; on perdrait sur les récoltes à fourrage ; on perdrait sur la fécondité qui reste dans le sol à la fin de la rotation ;

en un mot, l'assolement pratiqué ainsi deviendrait défectueux et inadmissible, soit à cause de l'amoindrissement considérable de tous les produits, soit parce qu'au lieu d'améliorer le sol il le détériorerait d'une façon déplorable. Il ne faut pas, en effet, un grand effort de raisonnement pour comprendre que la luzerne et le sainfoin étant semés principalement dans le but d'accroître la fécondité qu'ils rencontrent dans le sol, il y aurait une inconséquence manifeste à retrancher une partie de cette fécondité au moment même où elle est appelée à se multiplier. Déjà les inconvénients de l'association dont il sagit ont été signalés d'une manière générale dans ma 4e lettre sur l'euphorimétrie; mais ils vont se montrer palpables dans le tableau suivant, qui traduit en chiffres positifs les résultats désastreux de ce mélange irréfléchi, et qui démontre péremptoirement la nécessité absolue d'en proscrire l'usage dans l'assolement rationnel :

IVe TABLEAU.

Assolement rationnel fumé à 70 voitures, dans lequel la luzerne et le sainfoin sont semés avec une céréale de printemps.

		FÉCONDITÉ			
		ajoutée.	absorbée.	totale.	disponible.
	Fécondité actuelle. . .	»	»	21°,74	21°,74
ANNÉES.	RÉCOLTES.				
1.	Orge et luzerne semées et fumées à 70 voitures. . .	60°,02	22°,94	81, 76	81, 76
2, 3, 4, 5.	Luzerne fauchée.	51, 84	»	133, 60	81, 76
6.	Blé.	»	32, 70	100, 90	62, 02
7.	Vesces fauchées en fleur. .	11, 60	»	112, 50	86, 58
8.	Blé.	»	34, 63	77, 87	64, 91
9.	Trèfle.	12, 18	»	90, 05	90, 05
10.	Blé.	»	36, 02	54, 03	54, 03
11.	Orge et sainfoin semés sans fumier.	7, 30	13, 51	47, 82	47, 82
12, 13, 14.	Sainfoin fauché.	21, 90	»	69, 72	47, 82
15.	Blé.	»	19, 13	50, 59	35, 99
16.	Vesces fauchées en fleur. .	6, 40	»	56, 99	49, 69
17.	Blé.	»	19, 88	37, 11	37, 11
18.	Trèfle.	6, 62	»	43, 73	43, 73
19.	Blé.	»	17, 49	26, 24	26, 24
20.	Vesces fauchées en fleur. .	4, 45	»	30, 69	30, 69
21.	Blé.	»	12, 28	18, 41	18, 41
	DÉTÉRIORATION DU SOL.	3, 33	»	»	»

Blé, 172°,13 absorbés, produisant 150 hectolitres 61 litres valant 3,012f 20c

Orge, 36°,45 absorbés, produisant 60 hectolitres 65 litres valant. 636 82

Paille, 29,000 kilogrammes valant. . . . . . . 870 »

Total du produit brut des céréales dans 21 ans 4,519 02

Produit brut moyen des céréales par année. . . 215 19

A reporter. 4,519 02

		Report.	4,519f 02c
Luzerne, 275a,20, produisant 66,000 kilog. valant.	3,960	»	
Trèfle, 102a,02, produist 16,300 kilog. valant.	978	»	
Sainfoin, 121a,56, produisant 14,500 kilog. valant.	870	»	6,702 »
Vesces, 124a,25, produisant 14,900 kilog. valant.	894	»	
Total général des produits bruts de 21 ans			11,221 02
Produit brut moyen par année			534 33

Ainsi, le produit brut moyen des céréales, qui était en valeur de 274 fr. par an dans le 3e tableau, se trouverait réduit à 215 fr., malgré les deux récoltes d'orge qu'on aurait faites de plus en les semant avec la luzerne et le sainfoin ; la valeur des récoltes de fourrage serait réduite de 9,774 fr. à 6,702 fr.; le total général des produits bruts de 21 ans descendrait de 15,532 fr. à 11,221 fr., c'est-à-dire qu'il éprouverait une diminution de 205 fr. par année ; et le sol, au lieu d'être amélioré de 13a,23, serait détérioré de 3a,33 ; ce qui rendrait l'assolement tout-à-fait impraticable. Le rapprochement de ces chiffres est tellement concluant qu'il dispense d'insister davantage. Le cultivateur est maintenant bien averti que s'il veut pratiquer l'assolement rationnel il doit semer la luzerne et le sainfoin absolument *seuls* et renoncer à la routine de les semer avec une céréale de printemps, qu'autrement il n'aboutirait qu'à des mécomptes et à l'épuisement de ses terres. Certes, ce n'est pas faire trop de violence à ses habitudes : accoutumé à sacrifier sans peine une année de produits sur trois, dans la perspective des avantages qu'il doit en retirer, comment ne se résignerait-il pas à sacrifier seulement une année sur dix, lorsque surtout il a la certitude que le sacrifice ne sera pas entier, comme dans la jachère triennale, et qu'au lieu de ne rien recueillir du tout il obtiendra du moins une légère récolte ou un bon pâturage dans le cours de l'automne qui suivra la semaille isolée de la luzerne et du sainfoin ?

Tenons donc pour adoptée la combinaison du 3e tableau, réglant l'ordre définitif dans lequel doivent se succéder les récoltes d'espèces diverses qui composent l'assolement rationnel.

Cependant on peut l'améliorer encore sous le rapport de l'augmentation des produits, sans rien changer à cet arrangement, en remplaçant au besoin quelques-unes des récoltes de blé par d'autres céréales moins épuisantes. Cette substitution offrira de grands avantages toutes les fois que le sol aura moins de 120 degrés de fécondité disponible. La fécondité ainsi ménagée, surtout dans les premières années de l'assolement, réagit sur toutes les récoltes subséquentes, rend leur développement plus entier, plus complet, et ajoute nécessairement à l'abondance de leurs produits.

Ainsi, pour l'assolement rationnel pratiqué dans les conditions de fumure et de fécondité propre du sol que nous avons supposées, le simple raisonnement indique déjà que, si on remplace les blés des 6e et 15e années par des récoltes d'avoine, on devra obtenir une sensible augmentation de tous les produits, à l'exception de ceux de la luzerne, qui, comme je l'ai dit plus haut, ne peuvent varier qu'avec la dose de fumier appliquée au début. La science vient en effet confirmer ces justes prévisions.

Le tableau suivant représente le mouvement euphorimétrique qui s'opère alors dans le cours de l'assolement, et il en précise les résultats :

Ve TABLEAU.

Assolement rationnel perfectionné, fumé à 70 voitures, et ne donnant que 5 récoltes de blé.

ANNÉES.	RÉCOLTES.	FÉCONDITÉ ajoutée.	FÉCONDITÉ absorbée.	FÉCONDITÉ totale.	FÉCONDITÉ disponible.
	Fécondité actuelle. . .	»	»	21°,71	21°,71
1.	Luzerne semée seule et fumée à 70 voitures	87°,55	»	109, 29	109, 29
2, 3, 4, 5.	Luzerne fauchée	70, 20	»	179, 49	109, 29
6.	Avoine	»	27°,32	152, 17	99, 52
7.	Vesces fauchées en fleur. .	17, 10	»	169, 27	134, 17
8.	Blé	»	53, 67	115, 60	98, 05
9.	Trèfle.	18, 81	»	134, 41	134, 41
10.	Blé	»	53, 76	80, 65	80, 65
11.	Sainf. semé seul, sans fum.	15, 33	»	95, 98	95, 98
12, 13, 14.	Sainfoin fauché.	45, 99	»	141, 97	95, 98
15.	Avoine	»	24, »	117, 97	87, 31
16.	Vesces fauchées en fleur. .	16, 66	»	134, 63	119, 30
17.	Blé	»	47, 72	86, 91	86, 91
18.	Trèfle.	16, 58	»	103, 49	103, 49
19.	Blé	»	41, 40	62, 09	62, 09
20.	Vesces fauchées en fleur. .	11, 62	»	73, 71	73, 71
21.	Blé	»	29, 48	44, 23	44, 23
	BONIFICATION DU SOL.	22, 49	»	»	»

Blé, 226°,03 absorbés, produisant 197 hectolitres 78 litres valant.	3,955^f^ 60^c^
Avoine, 51°,32 absorbés, produisant 119 hectolitres 88 litres valant	899 10
Paille, 39,400 kilogrammes valant	1,182 »
Total du produit brut des céréales dans 21 ans	6,036 70
Produit brut moyen des céréales par année. . .	287 46
A reporter.	6,036 70

Report.		6,036f 70c
Luzerne, 366a,96, produisant 88,000 kilog. valant.	5,280 »	
Trèfle, 184a,96, produist 29,500 kilog. valant.	1,770 »	
Sainfoin, 241a,95, produisant 29,000 kilog. valant.	1,740 »	10,578 »
Vesces, 248a,89, produisant 29,800 kilog. valant.	1,788 »	
Total général des produits bruts de 21 ans		16,614 70
Produit brut moyen par année.		791 17

La substitution de deux récoltes d'avoine à deux récoltes de blé présente donc un avantage manifeste qui se révèle ici par l'accroissement général des produits en fourrage et même en céréales. Le revenu brut de l'hectare se trouve augmenté de 50 fr. par an, et la fécondité propre du sol gagne 9° sur la combinaison inscrite dans le tableau précédent.

Mais, si on veut rendre tout à fait complète l'amélioration produite par ce moyen, il faut encore remplacer par une avoine le blé de la 10e année, qui précède immédiatement le sainfoin. Celui-ci donne alors des coupes infiniment plus abondantes, son action fertilisante acquiert plus d'intensité, toutes les récoltes qui le suivent obtiennent plus de développement, et la richesse du sol atteint une grande élévation. Les chiffres du tableau suivant donnent la mesure exacte de cette importante amélioration :

VIe TABLEAU.

Assolement rationnel fumé à 70 voitures, et ne donnant que 4 récoltes de blé.

Années.	Récoltes.	Fécondité ajoutée.	Fécondité absorbée.	Fécondité totale.	Fécondité disponible.
	Fécondité actuelle. . .	»	»	21°,74	21°,74
1.	Luzerne semée seule et fumée à 70 voitures.	87°,55	»	109, 29	109, 29
2, 3, 4, 5.	Luzerne fauchée.	70, 20	»	179, 49	109, 29
6.	Avoine.	»	27°,32	152, 17	99, 52
7.	Vesces fauchées en fleur. .	17, 10	»	169, 27	134, 17
8.	Blé.	»	53, 67	115, 60	98, 05
9.	Trèfle.	18, 81	»	134, 41	134, 41
10.	Avoine.	»	33, 60	100, 81	100, 41
11.	Sainf. semé seul, sans fum.	19, 36	»	120, 17	120, 17
12, 13, 14.	Sainfoin fauché.	58, 08	»	178, 25	120, 17
15.	Avoine	»	30, 04	148, 21	109, 49
16.	Vesces fauchées en fleur. .	21, 10	»	169, 31	149, 95
17.	Blé.	»	59, 98	109, 33	109, 33
18.	Trèfle.	21, 07	»	130, 40	130, 40
19.	Blé.	»	52, 16	78, 24	78, 24
20.	Vesces fauchées en fleur. .	14, 85	»	93, 09	93, 09
21.	Blé.	»	37, 24	55, 85	55, 85
	Bonification du sol. . .	34, 11	»	»	»

Blé, 203°,05 absorbés, produisant 177 hectolitres 67 litres valant	3,553f	40c
Avoine, 90°,96 absorbés, produisant 212 hectolitres 48 litres valant.	1,593	60
Paille, 43,000 kilogrammes valant	1,290	»
Total du produit brut des céréales dans 21 ans	6,437	»
Produit brut moyen des céréales par année. .	306	52
A reporter.	6,437	»

Report.		6,437[f] »[c]
Luzerne, 366°,96, produisant 88,000 kilog. valant.	5,280 »	
Trèfle, 207°,38, produis[t] 33,000 kilog. valant	1,980 »	
Sainfoin, 302°,43, produisant 36,200 kilog. valant.	2,172 »	11,496 »
Vesces, 287°,25, produisant 34,400 kilog. valant.	2,064 »	
Total général des produits bruts de 21 ans		17,933 »
Produit brut moyen par année.		853·95

En comparant ce 4e tableau au 1er, on voit que, sans aucune augmentation dans la fumure et par le seul effet d'une succession de récoltes mieux coordonnées, les produits bruts de l'assolement rationnel éprouvent un accroissement d'une valeur totale de 3,907 fr. par hectare dans le cours de 21 ans, ou d'une valeur moyenne de 186 fr. par an; que, pour les céréales seules, cet accroissement est d'une moyenne de plus de 50 fr. par année : accroissement considérable, dont il est néanmoins facile de se rendre compte.

On comprend, en effet, que la récolte d'avoine de la 6e année enlevant au sol 16°,40 de moins que ne l'aurait fait une récolte de blé, cette épargne de 16°,40 profite à toutes les récoltes suivantes, dont les produits se trouvent remarquablement augmentés. Il en est de même de l'avoine de la 10e année et de celle de la 15e venant après le sainfoin, qui laissent dans le sol, l'une 20°,16 et l'autre 18°,03 de plus que n'en laisseraient les blés qu'elles remplacent; toutes les récoltes suivantes retirent de grands surcroîts de produits de la fécondité ainsi retenue dans le sol.

Il est bien vrai que les récoltes d'avoine des 6e et 10e années ont ensemble une valeur inférieure de 621 fr. à la valeur qu'auraient les blés qu'elles remplacent; mais cette infériorité, déjà atténuée de 267 fr., soit par la récolte plus abondante du blé de la 8e année, soit par la valeur de la récolte d'avoine venant après le sainfoin, et qui est plus élevée que celle du blé, auquel elle est substituée, disparaît bientôt devant l'énorme prépondérance des trois derniers blés, pour faire place à une supériorité définitive de 1,147 fr. sur le total du produit brut des céréales en faveur de l'assolement perfectionné. Sans doute, ce n'est qu'au bout d'un assez grand nombre d'années que tous ces avantages sont complètement réalisés; mais, je l'ai déjà dit ailleurs, attendre est une chose à laquelle l'agriculteur doit savoir se résigner : ne faut-il pas qu'il sème toujours avant de recueillir?

A côté et peut-être au-dessus de l'avantage d'un si grand accroissement de produits, il faut placer l'accroissement non moins précieux de la fécondité propre dont le terrain reste enrichi à la fin de l'assolement : 55°,85 au lieu de 21°,74. La valeur intrinsèque du sol a réellement doublé; il est devenu capable d'atteindre un prix d'amodiation une fois et demie plus élevé; et, soumis à une nouvelle révolution de l'assolement rationnel, il pourrait redonner la même masse de produits avec une épargne de 48 pour 100 sur la première fumure.

Certes, il faut reconnaître que la science agricole a fait un grand pas, lorsque, parvenue à soumettre au calcul les lois éternelles de la nature et à formuler un assolement basé sur l'application mathématique de ces lois, elle peut indiquer au cultivateur praticien un moyen sûr de produire en abondance des céréales et des fourrages avec une grande économie de fumier et de labours; de réparer, chemin faisant, la fécondité épuisée du sol, et de niveler ainsi les différences artificielles de fertilité qui sont dues le plus souvent à l'influence délétère d'une culture triennale depuis longtemps insuffisamment fumée.

C'est surtout en comparant cet assolement à l'assolement triennal, que le progrès apparaît dans tout son éclat : car, avec la *moitié* seulement du fumier qu'on est forcé d'allouer à ce dernier pour prévenir la stérilisation du sol, l'assolement rationnel fait naître des récoltes d'une valeur *quatre fois* aussi élevée ; et en céréales seules, qui sont l'unique produit de l'assolement triennal, il présente sur celui-ci un excédant en valeur de 2,407 fr. par hectare dans 21 ans, c'est-à-dire un excédant moyen de 114 fr. par année. Est-il mis en regard d'une culture triennale pratiquée avec une fumure habituelle de 30 voitures par hectare (210 voitures en 21 ans), l'assolement rationnel, avec le *tiers* de cette quantité de fumier et sur un sol d'une fécondité plus faible d'un tiers, donne un total de produits bruts d'une valeur plus que *triple*, et en céréales seules un excédant moyen de 27 fr. seulement par hectare et par année. Etabli, sans augmenter sa fumure, dans un sol doué de la même fécondité propre (31°,55), il présenterait sur l'assolement triennal, pour les *céréales seules*, un excédant en valeur de 46 fr. par hectare et par année, en dépensant *deux fois moins* de fumier et en ajoutant 24°,65 à la fécondité propre du sol.

Il me semble qu'il est difficile d'imaginer des combinaisons qui produisent davantage, avec une consommation aussi restreinte de fumier. Sans doute, on peut obtenir des récoltes d'un produit encore plus élevé, mais c'est à la condition d'employer des quantités plus considérables d'engrais. On le peut aussi au moyen des *doubles récoltes* tant préconisées par les agronomes anglais, et qui chez eux consistent ordinairement en pommes de terre, en betteraves ou en turneps cultivés après des vesces d'hiver fauchées en fleur.

J'ai déjà fait connaître, après expérience, mon opinion sur le mérite des *récoltes-racines*, et ce n'est pas sans motif que je me suis prononcé contre leur culture en grand.

1° Elles sont toutes plus ou moins épuisantes, à un faible degré, il est vrai ; mais, enfin, elles sont épuisantes et nuisent aux céréales qui leur succèdent, à moins qu'on ne répare avec du fumier la fécondité qu'elles ont soustraite au sol.

2° Elles entraînent à d'assez grandes dépenses de main-d'œuvre pour le sarclage, la récolte, la conservation à l'abri des gelées.

3° Leurs qualités alimentaires sont singulièrement exagérées par leurs partisans, et l'expérience a fait voir combien, sous ce rapport, elles sont inférieures au bon fourrage sec, qu'elles ne peuvent jamais entièrement suppléer.

Ce n'est donc point à des doubles récoltes de racines, toujours épuisantes, mais à des doubles récoltes essentiellement améliorantes, comme des vesces d'été semées immédiatement après la fenaison des vesces d'hiver, que l'on doit recourir pour accroître les produits de l'assolement rationnel ou ceux de tout autre assolement. Les motifs qui justifient cette préférence sont si évidents qu'ils ne permettent pas l'hésitation.

Supposons, en effet, qu'après des vesces d'hiver fauchées en fleur la fécondité du sol se trouve portée à 80 degrés, le blé qui y sera semé produira 28 hectolitres par hectare. Une récolte de betteraves qui serait intercalée entre les vesces et le blé n'enlèverait pas moins de 7°,68, qui réduiraient la récolte de blé à 25 hectolitres 31 litres. L'intercalation d'une récolte de pommes de terre aurait un effet plus fâcheux encore ; elle enlèverait 12°,20, qui feraient descendre la récolte de blé à 23 hectolitres 73 litres. Avec une double récolte de vesces le résultat est bien différent : les vesces d'été ajoutent au sol 12°,60, qui élèvent la récolte de blé à 32 hectolitres 41 litres, au lieu des 28 hectolitres qu'il aurait produits sans la seconde récolte de vesces fauchées en fleur.

Cette différence de produits dans la récolte de blé est loin d'être compensée par la supériorité de valeur des récoltes de betteraves ou de pommes de terre sur la seconde récolte de vesces ; car, dans un sol de 80 degrés de fécondité, la récolte de betteraves serait, par hectare, de 72,000 kilogrammes, qui, à 5 fr. les 1,000 kilogrammes, donneraient une valeur brute de 360 francs ; tandis que la seconde récolte de vesces produira 8,000 kilogrammes de bon fourrage sec, qui, à 60 francs les 1,000 kilogrammes, réaliseront une valeur totale de 480 fr. Une récolte de pommes de terre, dans un sol de cette fécondité, serait, il est vrai, de 260 hectolitres, qui, à 2 francs l'hectolitre, porteraient sa valeur brute à 520 fr., et par conséquent à 40 francs au-dessus de la valeur des vesces; mais cet excédant serait toujours loin de couvrir la différence de valeur, montant à 212 fr., qui existe entre le blé venu après les pommes de terre et le blé venu après les secondes vesces, et je laisse aux agriculteurs praticiens à évaluer la différence des frais de production de l'une et de l'autre de ces doubles récoltes.

Quelques agronomes anglais signalent eux-mêmes ces récoltes successives de vesces d'hiver et de vesces d'été fauchées en fleur comme un excellent moyen d'amélioration, capable, disent-ils, d'élever au plus haut point de fertilité tous les sols de seconde ou même de troisième classes (*capable of improving all the secondary or even third rate soils to the higest state of fertility*), et ils donnent le conseil de les faire succéder l'une à l'autre sans interruption, jusqu'à ce que le terrain soit arrivé à toute la richesse de fécondité qu'on puisse désirer (*till arable land is made of any desired degree of richness*).

L'introduction des doubles récoltes de vesces dans l'assolement rationnel constitue donc une nouvelle amélioration qui offre une ressource précieuse dans tous les cas où l'assolement n'a reçu qu'une basse fumure. Ces doubles récoltes donnent en effet aux forces productives du sol leur plus grande expansion ; elles élèvent considérablement sa fécondité propre, et apportent à tous les produits un accroissement qui ne pourrait être dépassé sans elles qu'avec de plus fortes allocations de fumier. On va en juger par les résultats consignés dans le tableau suivant, où figure le compte euphorimétrique d'une formule à doubles récoltes de vesces, donnant six bonnes récoltes de blé sans aucune fatigue pour le sol :

VIIe TABLEAU.

Assolement rationnel avec doubles récoltes de vesces, fumé à 70 voitures, et donnant 6 récoltes de blé.

		FÉCONDITÉ			
		ajoutée.	absorbée.	totale.	disponible.
	Fécondité actuelle. . .	»	»	21°,74	21°,74
ANNÉES.	RÉCOLTES.				
1.	Luzerne semée *seule* et fumée à 70 voitures	87°,55	»	109, 29	109, 29
2, 3, 4, 5.	Luzerne fauchée	70, 20	»	179, 49	109, 29
6.	Blé	»	43°,72	135, 77	83, 12
7.	Vesces d'hiver, puis d'été, fauchées en fleur.	31, 64	»	167, 41	132, 31
8.	Blé	»	52, 92	114, 49	96, 94
9.	Trèfle.	18, 59	»	133, 08	133, 08
10.	Avoine	»	33, 27	99, 81	99, 81
11.	Sainf. semé seul, sans fum.	19, 16	»	118, 97	118, 97
12, 13, 14.	Sainfoin fauché.	57, 48	»	176, 45	118, 97
15.	Blé	»	47, 59	128, 86	90, 54
16.	Vesces d'hiver, puis d'été, fauchées en fleur.	34, 61	»	163, 47	144, 31
17.	Blé	»	57, 73	105, 74	105, 74
18.	Trèfle.	20, 35	»	126, 09	126, 09
19.	Blé	»	50, 44	75, 65	75, 65
20.	Vesces d'hiver, puis d'été, fauchées en fleur.	28, 66	»	104, 31	104, 31
21.	Blé	»	41, 72	62, 59	62, 59
	BONIFICATION DU SOL.	40, 85	»	»	»

Blé, 294°,12 absorbés, produisant 257 hectolitres 36 litres valant.	5,147f 20c
Avoine, 33°,27 absorbés, produisant 77 hectolitres 72 litres valant.	582 90
Paille, 45,700 kilogrammes valant.	1,371 »
Total du produit brut des céréales dans 21 ans	7,101 10
Produit brut moyen des céréales par année. .	338 14
A reporter.	7,101 10

	Report.	7,101f 10c
Luzerne, 366o,96, produisant 88,000 kilog. valant.	5,280 »	
Trèfle, 202o,68, produist 32,400 kilog. valant.	1,944 »	
Sainfoin, 299o,43, produisant 35,900 kilog. valant.	2,154 »	12,966 »
Vesces, 498o,62, produisant 59,800 kilog. valant.	3,588 »	
Total général des produits bruts de 21 ans		20,067 10
Produit brut moyen par année.		955 57

Ce qui frappe à l'inspection de ce tableau, ce n'est pas tant l'énorme produit brut annuel de 955 fr. par hectare, ni le produit brut moyen des seules céréales, montant à 338 fr. par année, que l'immense augmentation de fécondité propre gagnée par le sol en accomplissant l'œuvre de production qui lui est imposée par l'assolement rationnel. Voilà un hectare de terrain qui a presque *triplé* de valeur, car sa valeur a réellement augmenté dans la proportion de 5 à 14, pendant qu'avec *deux fois moins* de fumier que n'en consomme une culture triennale ordinaire il donnait des produits d'une valeur *quatre fois* plus élevée, et en céréales seules un excédant moyen de 146 fr. par année.

Cet amas extraordinaire de fécondité, dû au nombre et à la disposition des récoltes améliorantes, constitue un véritable capital qui s'est accumulé dans le sol en même temps qu'il en sortait des produits si riches, si abondants. C'est là un bienfait nouveau de l'assolement rationnel perfectionné; bienfait d'une incalculable portée, et dont l'un des avantages les plus immédiats serait de pouvoir recommencer l'assolement avec 30 voitures de fumier seulement, au lieu de 70, et d'en obtenir une masse semblable de produits sans entamer la réserve de fécondité qui reste en dépôt dans le sol.

Peut-être voudra-t-on contester ces résultats et prétendre

qu'ils sont exagérés. Mais il faudrait démontrer que mes calculs sont erronés ou que les bases dont je suis parti sont fausses; car je ne suppose rien, je calcule, et il est plus difficile de réfuter des chiffres que de combattre des raisonnements.

Peut-être aussi renouvellera-t-on l'objection qui m'a été si souvent adressée, que l'on puise dans la difficulté de faire une avance de 70 voitures de fumier à chaque hectare de terrain qui est soumis à l'assolement rationnel et dans la dépense qui en serait la suite. D'abord, on ne doit pas appeler *dépense* ce qui est en réalité une très-grande économie. L'hectare de terrain que l'on met en assolement rationnel reçoit, il est vrai, à son début 70 voitures de fumier, mais il ne lui en est plus donné pendant 21 ans; tandis que, s'il continue à subir la culture triennale, il reçoit tous les 3 ans dans la sole de jachère une modique fumure de 20 voitures ou une fumure ordinaire de 30 voitures; ce qui, au bout de 21 ans, réalise dans le premier cas une consommation totale de 140 voitures, et dans le second cas une consommation de 210 voitures, c'est-à-dire une consommation double ou une consommation triple de celle qui est faite par l'assolement rationnel. Et alors même qu'on mettrait à la charge de celui-ci les intérêts et intérêts d'intérêts de l'avance qui lui est faite, il n'en est pas moins vrai qu'en définitive et en évaluant à 12 fr. la voiture de fumier, il *dépenserait* 614 fr. de moins que l'assolement triennal fumé à 20 voitures par hectare, et 1,573 fr. de moins que le même assolement fumé à 30 voitures; ou 767 fr. de moins que le premier, et 1,966 fr. de moins que le second, si la voiture de fumier était évaluée au prix de 15 fr. Il ne faut donc point parler ici de dépense, puisque l'économie est évidente; il y a simplement une avance de fumier à faire, et pas autre chose, avance recouvrable sur les épargnes du terrain rationnellement assolé, qui, une fois muni de la ration dont il a besoin, n'en exige plus pendant 21 ans.

Mais comment effectuer cette avance sans bourse délier? Voilà la difficulté que déjà j'ai cherché à résoudre dans ma

6e lettre sur l'euphorimétrie. Les explications qui s'y trouvent, quoique parfaitement exactes, pourraient n'avoir pas été bien comprises, faute peut-être d'une clarté sufûsante. La matière était neuve alors; elle m'est beaucoup plus familière aujourd'hui. C'est une de ces sciences qui passionnent par la précision étonnante des résultats de leur application. Aussi, n'ai-je cessé de l'étudier et de chercher à aplanir pour la pratique les obstacles qui pouvaient entraver l'adoption du système de culture que la science indiquait comme le meilleur et le plus lucratif.

De quoi s'agit-il ici? Uniquement d'une difficulté de transition. Car si un domaine de 21 hectares, par exemple, se trouvait tout entier en assolement rationnel, il est évident que chaque année un seul hectare aurait à recommencer l'assolement et à recevoir 70 voitures de fumier. Or, un domaine de 21 hectares soumis au régime triennal et qui a 7 hectares à fumer par an ne fabrique pas moins de 140 voitures normales de fumier, juste le double de ce qui serait nécessaire. Il n'y a donc d'embarras réel que pour le *premier établissement* du système rationnel, qui diffère totalement de celui qu'il doit remplacer, non point parce qu'il consomme plus de fumier, puisqu'il en consomme moitié moins, mais parce qu'un seul hectare reçoit cette moitié en une fois pour 21 ans, au lieu de recevoir le septième de la totalité tous les trois ans.

C'est cette difficulté de transition que nous allons aborder dans la deuxième partie, et j'espère qu'on la trouvera résolue d'une manière complète, satisfaisante et claire.

DEUXIÈME PARTIE.

Transformation d'une Culture triennale en Culture rationnelle.

La conversion d'une culture triennale en culture rationnelle sans achat de fumier ne peut s'opérer que par parties successivement transformées. On y procède de deux manières : ou par voie d'*emprunt*, ou par voie de *progression*. Dans tous les cas, la transformation est plus ou moins facile et plus ou moins rapide, selon qu'on a affaire à un sol recevant une fumure habituelle de 30 voitures par hectare et possédant dès lors une fécondité propre de 31°,55, ou à un sol ne recevant qu'une fumure de 20 voitures et n'ayant par suite qu'une fécondité de 21°,74. Examinons tour-à-tour les deux procédés dans les deux hypothèses.

Lorsqu'on veut opérer par emprunt de fumier la conversion en assolement rationnel d'un domaine soumis à l'assolement triennal et recevant habituellement 30 voitures de fumier par hectare dans la sole de jachère, il suffit de *doubler* la fumure ordinaire de la partie de cette sole par laquelle on commence l'opération, en empruntant au surplus de la même sole le complément de fumier nécessaire à ce doublement. En effet, sous l'influence de sa fumure habituelle de 30 voitures, le sol possède une fécondité propre de 31°,55 ; en lui allouant 60 voitures par hectare au lieu de 30 voitures, sa fécondité se trouve portée à 91°,55, c'est-à-dire à un état infiniment rapproché des 91°,74 qu'on remarque au début de l'assolement rationnel dans les divers tableaux qui précèdent, et donnant des produits d'une valeur presque identique à ceux mentionnés dans ces tableaux, puisque la différence est à peine de 2 fr. par an pour chaque hectare.

Mais par quelle quote-part de la sole qui est en jachère devra s'opérer successivement la transformation ? Sera-ce par moitié, par quart, par sixième ? Il est évident que si on opère sur une quotité trop forte, le restant de la sole, obligé de prêter une trop grande partie de son fumier, se trouvera réduit à une indigence fâcheuse qui apportera du trouble dans l'exploitation : par exemple, si on transformait à la fois la moitié de la sole, l'autre moitié resterait absolument sans fumier. Il résulte des nombreux calculs auxquels je me suis livré à ce sujet et qu'il est inutile de reproduire ici, que le mode le plus convenable, dans l'hypothèse que nous examinons, est d'effectuer la conversion par sixième de la sole qui est en jachère.

Ainsi, supposons, pour simplifier les chiffres, un domaine de 18 hectares divisé en trois soles de 6 hectares chacune. La sole de jachère recevant habituellement 30 voitures de fumier par hectare, le domaine doit en fabriquer annuellement 180 voitures. Or, voici l'emploi qui doit en être fait :

La première année, on met en assolement rationnel 1 hectare de la sole qui se trouve alors en jachère, et on lui donne 60 voitures de fumier provenant des 30 voitures qui lui étaient destinées et de 30 voitures empruntées aux 5 hectares restants, lesquels ne reçoivent, par suite de cet emprunt, que 24 voitures chacun, au lieu des 30 qu'ils devaient recevoir, ce qui diminue d'autant leurs produits ordinaires et fait descendre leur fécondité propre de 31°,55 à 28°,58. Les deux années suivantes, on agit de même à l'égard des deux autres soles qui arrivent à leur tour en jachère ; mais nous les laisserons à l'écart, pour nous occuper exclusivement de la première, dont elles suivront le sort en tous points, puisqu'elles se trouvent absolument dans les mêmes conditions.

La quatrième année, on met encore en assolement rationnel 1 des 5 hectares restant de la première sole. Mais, comme il n'a plus que 28°,58 de fécondité propre au lieu de 31°,55, on lui alloue 63 voitures de fumier au lieu de 60, afin d'égaler sa position à celle de son devancier. Ces 63 voitures étant prélevées sur la provision annuelle de 180 voitures, laissent 117 voitures à répartir sur les 4 hectares restants, ce qui porte la ration de chacun d'eux à 29 voitures 1/4, et élève leur fécondité propre de 28°,58 à 29°,71.

La septième année, un troisième hectare entre en assolement rationnel, et, toujours pour égaler sa position à celle des deux premiers, on lui donne 62 voitures de fumier ; au moyen de quoi les 180 voitures de fabrication annuelle sont réduites à 118, qui, étant distribuées aux 3 hectares restants, assignent à chacun un contingent de 39 voitures 1/3. Par suite de cette plus forte allocation de fumier, ces 3 hectares encore assujettis à la culture triennale donnent des récoltes plus abondantes que sous leur régime triennal primitif, et leur fécondité propre s'élève à 35°,25, c'est-à-dire à 3°,70 au-dessus de leur fécondité propre originaire.

La dixième année, lorsque ces 3 hectares reviennent en jachère, ils ont à se partager les 180 voitures de fumier annuellement confectionnées dans le domaine, ce qui fait 60 voitures pour chacun ; et, comme ils possèdent en ce moment une fécondité propre de 35°,25, et que dès lors une allocation de 57 voitures à chacun aurait suffi pour les mettre en assolement rationnel, il est évident qu'ils peuvent y entrer tous les trois à la fois et même dans des conditions meilleures que leurs prédécesseurs, puisqu'ils auront sur eux un avantage de plus de 3 degrés de fécondité. Or, veut-on savoir quel est l'effet de 3 degrés de plus sur l'ensemble des récoltes d'un hectare dans un assolement rationnel bien ordonné ? Ces 3 degrés augmentent son produit brut moyen de plus de 30 fr. par année. Je m'abstiens de rapporter ici le tableau qui en fournit la preuve, pour ne pas donner trop d'extension aux détails d'une utilité secondaire.

Ainsi, dès la dixième année la transformation est complète pour la première sole par laquelle l'opération a commencé. Celle des deux autres, qui ont suivi les mêmes phases, est complétée de la même manière la onzième et la douzième années; en sorte qu'au bout de douze ans le domaine entier se trouve transformé en assolement rationnel, sans avoir employé d'autre fumier que celui de la ferme, et sans qu'on ait besoin, à dater de ce moment et durant neuf années, d'en consommer une seule voiture pour faire marcher l'exploitation.

L'opération est plus longue et plus difficile lorsque, par le même procédé, on veut convertir en assolement rationnel un domaine soumis au régime triennal dont les terres ne reçoivent qu'une fumure habituelle de 20 voitures par hectare dans la sole de jachère et ne possèdent dès lors qu'une fécondité propre de 21°,74. Comme, dans cette hypothèse, l'hectare mis en assolement rationnel exige 70 voitures de fumier au lieu de 60, à cause de sa basse fécondité, il ne suffit plus de doubler sa fumure ordinaire, mais il faut qu'on la lui donne deux fois et demie plus forte. L'emprunt devient plus élevé et par conséquent plus lent à amortir. Aussi, ce n'est plus par sixième de la sole en jachère que la conversion devra être successivement effectuée, mais par septième seulement, et ce n'est qu'au bout de 18 ans que la transformation entière du domaine se trouvera accomplie. Je vais exposer le plus clairement possible les détails de cette opération, et faire connaître en même temps les avantages pécuniaires qui sont recueillis pendant qu'elle s'exécute. La transmutation sera conforme au type formulé dans le 6e tableau.

Ici nous supposerons un domaine de 21 hectares, divisé en trois soles de 7 hectares chacune. La fumure habituelle étant de 20 voitures par hectare, il en résulte que la provision annuelle de fumier est de 140 voitures. Pour éviter toute complication embarrassante, nous allons prendre la sole qui est actuellement en jachère et la suivre dans toutes les périodes de sa transformation, sans nous occuper des deux autres, qui sont traitées de la même manière chaque fois qu'elles arrivent en jachère à leur tour, et qui, par conséquent, présentent des résultats en tous points pareils.

La première année on établit l'assolement rationnel sur 1 hectare de la sole de jachère, en lui donnant 70 voitures de fumier et en y semant une luzerne *seule* avec demi-plâtrage *immédiat.* Ce prélèvement de 70 voitures de fumier sur la provision annuelle de 140 voitures ne laisse qu'un pareil nombre de 70 voitures pour les 6 hectares restant de la sole, ce qui fait pour chacun 11 voitures 3/4 au lieu de 20 voitures qu'ils devaient recevoir ; en sorte qu'ils éprouvent une éviction de 8 voitures 1/4, laquelle aura pour effet de diminuer leurs produits et d'abaisser leur fécondité propre dans des proportions qu'il nous sera facile d'évaluer.

La deuxième année, les 7 hectares de cette sole, s'ils étaient restés dans leur état ordinaire de culture et s'ils avaient reçu leurs 20 voitures de fumier pendant la jachère de l'année précédente, auraient produit en blé et paille une valeur de 2,918 fr. Mais comme ils ne sont plus qu'au nombre de 6 et qu'ils ont reçu seulement 11 voitures 3/4 de fumier chacun au lieu de 20 voitures, leur produit en blé et paille n'est que de 2,028 fr. Le produit de cette sole offre donc la seconde année, dans laquelle elle est en blé, un déficit de 890 fr. Or, ce déficit est plus que comblé par le produit du 7e hectare, qui a été semé en luzerne l'année précédente sur une splendide fumure de 70 voitures et qui se trouve maintenant en plein rapport. Cette luzerne ayant végété sur un sol d'une fécondité de 91°,74, devra donner en 4 ou 5 coupes le produit énorme de 22 milliers métriques de foin, réalisant une valeur de 1,320 fr., et offrant, en définitive, un excédant de 430 fr. sur le produit de la culture triennale ordinaire.

La troisième année, le produit en orge et paille des 7 hectares de cette sole aurait été de 1,117 fr. dans leur état de culture habituelle. Or, les 6 hectares de cette sole qui sont restés en assolement triennal n'ayant reçu dans la jachère que 11 voitures 3/4 de fumier chacun au lieu de 20 voitures, et leur fécondité se trouvant par là réduite, après la récolte du blé, à 23°,48 au lieu de 28°,99 qu'ils auraient eu sans ce retranchement de fumier, leur produit en orge et paille ne sera que de 774 fr., et présentera dès lors un déficit apparent de 343 fr. Mais le 7e hectare, qui a été mis en luzerne avec 70 voitures de fumier et qui est à sa seconde année de coupe, donnera, comme l'année précédente, un produit de 1,320 fr., et, par conséquent, un excédant de 977 fr. sur le revenu brut de la culture ordinaire.

La quatrième année, cette sole revenant en jachère n'aurait rien produit. Cependant l'hectare qui en a été distrait pour entrer en assolement rationnel donne en foin de luzerne son produit habituel de 1,320 fr., produit qui est tout bénéfice, puisque sans lui aucune récolte n'aurait été faite dans les 7 hectares de la sole.

Au printemps de cette année, un nouvel hectare est détaché des 6 hectares restants pour être mis à son tour en assolement rationnel. Mais, comme ces 6 hectares ne possèdent plus que 17°,51 de fécondité propre au lieu de 21°,74, à cause de la privation de fumier qu'ils ont eu à supporter dans la précédente jachère, il devient nécessaire d'allouer à celui qu'on en détache 75 voitures de fumier au lieu de 70, afin que sa position ne soit pas inférieure à celle de l'hectare qui l'a précédé dans la voie rationnelle. Un prélèvement si considérable de fumier sur les 140 voitures de fabrication annuelle n'en laisse que 65 voitures à distribuer aux 5 hectares restant de la sole, ce qui fait pour chacun 13 voitures au lieu de 20 voitures qu'ils recevaient ordinairement; en sorte que leur fécondité propre ainsi que leurs produits, déjà sensiblement diminués, vont se trouver encore amoindris.

La cinquième année, si rien n'eût été changé dans l'ancien mode de culture, les 7 hectares de la sole, qui auraient reçu chacun 20 voitures de fumier dans la jachère de l'année précédente, auraient produit en blé et paille une valeur brute de 2,918 fr., tandis que les 5 hectares de cette sole qui n'avaient qu'une fécondité de 17°,61 et qui n'ont reçu chacun que 13 voitures de fumier au lieu de 20 ne rendent en blé et paille qu'une valeur de 1,262 fr : différence, 1,656. Mais ce déficit est largement couvert par le produit des 2 autres hectares mis en luzerne, dont l'un est à sa 4e année de coupe et l'autre à sa 1re année, et qui, donnant ensemble des récoltes en valeur de 2,640 fr., établissent un excédant de revenu brut de 984 fr.

La sixième année, les 7 hectares de la sole auraient produit en orge et paille une valeur de 1,117 fr. Les 5 hectares restants, dont la fécondité se trouve réduite de plus de 7 degrés, ne donnent en orge et en paille qu'une valeur de 545 fr., et présentent ainsi un déficit de 572 fr. Mais, d'une part, le premier hectare de cette sole mis en assolement rationnel, et qui cette année se trouve en avoine, donne une récolte en valeur de 613 fr., y compris la paille ; et, d'autre part, le second hectare de la même sole, qui est en luzerne à sa seconde année de coupe, produit du fourrage en valeur de 1,320 fr.; en tout, 1,933 fr. Retranchant de cette somme les 572 fr. de déficit sur l'orge, il reste pour cette année et pour cette sole un excédant de revenu brut de 1,361 fr.

La septième année, la sole revenant en jachère n'aurait rien produit dans l'ancienne culture. Mais, des 2 hectares qui en ont été déjà distraits pour être soumis à l'assolement rationnel, le premier donne une récolte de vesces fauchées en fleur valant 714 fr., et le second, qui est en luzerne à sa 3e année de coupe, donne un produit de 1,320 fr.; total, 2,034 fr. formant l'excédant du revenu brut de la sole pour cette septième année.

La transformation est poursuivie en mettant, cette année, en assolement rationnel un 3e hectare pris dans les 5 restants dont la fécondité se trouve réduite à 16°,23. Pour réparer cet abaissement de fécondité, on lui applique 76 voitures de fumier au lieu de 70, et on le sème en luzerne. Le prélèvement de ces 76 voitures de fumier sur les 140 voitures qui étaient ordinairement employées à fumer la jachère réduit à 64 voitures le fumier qui est départi aux 4 hectares restant de la sole, ce qui fait 16 voitures pour chacun, c'est-à-dire 4 voitures de moins qu'ils n'en recevaient dans l'ancienne culture triennale, mais aussi 3 voitures de plus qu'il ne leur en a été attribué dans la précédente jachère, circonstance qui va commencer à relever et leur produit en céréales et leur fécondité propre.

La huitième année, les 7 hectares de la sole, fumés à raison de 20 voitures chacun, auraient donné en blé et paille une valeur brute de 2,918 fr. Les 4 hectares restants de cette sole, qui n'avaient que 16°,23 de fécondité et qui n'ont reçu que 16 voitures de fumier chacun au lieu de 20 voitures, produisent seulement du blé et de la paille en valeur de 1,320 fr.; différence en moins, 1,603 fr. Mais, des 3 hectares de cette sole déjà mis en assolement rationnel, le 1er donne en blé et paille une valeur de. . . . . 1,158 fr.

Le 2e, qui est en luzerne à sa 4e année de coupe, 1,320

Le 3e, aussi en luzerne à sa 1re année de coupe, 1,320

Total. 3,798

Retranchant le déficit dans la récolte en blé et paille des 4 hectares laissés en assolement triennal, lequel s'élève à. 1,603

Il reste pour excédant de revenu brut sur la culture ancienne. 2,195

La neuvième année, les 7 hectares auraient donné en orge et paille, dans l'ancien mode de culture, une valeur brute de 1,117 fr. Les 4 hectares de cette sole sur lesquels la culture triennale est encore suivie n'en produisent que pour 599 fr.; le déficit est donc de 518 fr. Mais les 3 hectares de cette sole qui sont déjà en assolement rationnel produisent, savoir :

Le 1er, en trèfle, une valeur de. . . . . 936 fr.

Le 2e, en avoine et paille. 613

Le 3e, qui est en luzerne à sa 2e année de coupe, 1,320

Total. 2,869

Défalquant le déficit éprouvé sur la récolte d'orge, de. 518

Il reste sur le produit de cette sole un excédant brut de. 2,351

La dixième année, les 7 hectares de la sole devant être en jachère n'auraient rien produit dans l'ancien système. Cependant les 3 hectares qui en ont été successivement détachés pour être soumis au régime rationnel donnent, savoir :

Le 1er, en avoine et paille, une valeur de. . . .	756 fr.
Le 2e, en vesces fauchées en fleur.	714
Le 3e, en luzerne à sa 3e année de coupe. . . .	1,320
C'est donc, au lieu du produit nul de la jachère, un produit réel de.	2,790

Au printemps de cette 10e année, un 4e hectare de la sole entre à son tour en assolement rationnel. Comme sa fécondité propre n'est que de 17°,03, on lui donne 75 voitures de fumier au lieu de 70, afin que sa condition soit au niveau de celle des autres, et on le sème en luzerne. Par suite de ce prélèvement, la provision annuelle de 140 voitures de fumier se trouve réduite à 65 voitures, qui sont réparties sur les 3 hectares restant de la sole, ce qui en attribue à chacun 21 voitures 2/3.

La onzième année, les 7 hectares de la sole auraient donné, dans l'ancien mode de culture, une valeur brute

en blé et paille de	2,918 fr.
Les 3 hectares encore soumis à ce système ne donnent que.	1,163
Différence en moins	1,755

Quant aux 4 hectares de cette sole déjà convertis en assolement rationnel, ils produisent, savoir :

Le 1er, semé cette année en sainfoin seul, rien, si ce n'est un excellent pâturage d'automne pour le gros bétail ; ci	*néant.*
Le 2e, en blé et paille, une valeur de.	1,158 fr.
Le 3e, en luzerne à sa 4e année de coupe. . . .	1,320
Le 4e, en luzerne à sa 1re année de coupe. . . .	1,320
A reporter. — Total.	3,798

Report.	3,798
Déduisant le déficit dans la récolte triennale de blé, de	1,755
Il reste un surcroît en revenu brut de.	2,043

La douzième année, les 7 hectares de la sole auraient produit en orge et paille, dans l'ancien assolement triennal, une valeur moyenne de 1,117 fr. Les 3 hectares de la sole qui restent encore assujettis à ce mode de culture n'en produisent que pour 443 fr.; d'où résulte un déficit de 674 fr. Mais les 4 hectares déjà rationellement assolés donnent, savoir :

Le 1er, en sainfoin à sa 1re année de coupe, une valeur de.	720 fr.
Le 2e, en trèfle.	936
Le 3e, en avoine et paille.	613
Le 4e, en luzerne à sa 2e année de coupe. . . .	1,320
Total.	3,589
Défalquant le déficit éprouvé sur la récolte d'orge, de.	674
La sole donne un excédant de revenu brut de	2,915

La treizième année, les 7 hectares de la sole qui se seraient trouvés en jachère n'auraient rien produit. Mais les 4 hectares qui en ont été détachés et qui sont en plein cours d'assolement rationnel donnent, savoir :

Le 1er, en sainfoin à sa 2e année de coupe, une valeur de.	720 fr.
Le 2e, en avoine et paille.	756
Le 3e, en vesces fauchées en fleur.	714
Le 4e, en luzerne à sa 3e année de coupe	1,320
Ce qui fait, en pur bénéfice, un excédant de revenu brut de	3,510

Un 5e hectare de la sole passe, cette année, à l'assolement rationnel; et comme sa fécondité propre, quoique déjà un peu rétablie, ne s'élève encore qu'à 20°,23, on lui alloue 72 voitures de fumier au lieu de 70; au moyen de quoi les 140 voitures annuellement destinées à fumer la sole de jachère se trouvent réduites à 68 voitures, qui sont attribuées aux 2 hectares restants, soit 34 voitures pour chacun, ce qui apporte un accroissement très-sensible à leurs produits et à leur fertilité propre.

La quatorzième année, les 7 hectares de la sole auraient donné en blé et paille, dans l'ancien mode triennal, une valeur moyenne de 2,918 fr. Les 2 hectares qui restent encore soumis à ce système, quoiqu'en très-bon état de fécondité, ne donnent qu'un produit de 1,069 fr.; différence en moins, 1,849 fr. Mais les 5 hectares de cette sole qui sont déjà en assolement rationnel produisent de leur côté, savoir :

Le 1er, en sainfoin à sa 3e année de coupe, une valeur de	720 fr.
Le 2e, en sainfoin semé *seul*, un bon pâturage d'automne	»
Le 3e, en blé et paille	1,158
Le 4e, en luzerne à sa 4e année de coupe	1,320
Le 5e, en luzerne à sa 1re année de coupe	1,320
Total	4,518
Imputant le déficit de la récolte triennale de blé de	1,849
Il reste pour excédant de revenu brut	2,669

La quinzième année, les 7 hectares de la sole auraient produit en orge et paille, dans l'ancien assolement triennal, une valeur moyenne de . . . . 1,117 fr.

Les 2 hectares encore soumis à cet assolement ne donnent que	409
Déficit	708

Mais les 5 hectares déjà transformés produisent, savoir :

Le 1er, en avoine et paille.	676 fr.
Le 2e, en sainfoin à sa 1re année de coupe. . . .	720
Le 3e, en trèfle	936
Le 4e, en avoine et paille	613
Le 5e, en luzerne à sa 2e année de coupe	1,320
Total.	4,265
Retranchant le déficit éprouvé dans la récolte d'orge, de.	708
Il reste un excédant de revenu brut de.	3,557

La seizième année, les 7 hectares de la sole revenant en jachère n'auraient donné aucun produit. Mais les 5 hectares qui en ont été distraits pour être convertis en assolement rationnel donnent les produits suivants, savoir :

Le 1er, en vesces fauchées en fleur.	786 fr.
Le 2e, en sainfoin à sa 2e année de coupe. . . .	720
Le 3e, en avoine et paille	756
Le 4e, en vesces fauchées en fleur.	714
Le 5e, en luzerne à sa 3e année de coupe.	1,320
Excédant de revenu brut pour la 16e année. . .	4,296

Il reste 2 hectares de cette sole encore soumis à l'assolement triennal. Ces 2 hectares se trouvant pourvus de 27°,92 de fécondité, à cause des 34 voitures de fumier qu'ils ont reçues dans la précédente jachère, 64 voitures au lieu de 70 suffiraient à chacun pour être mis en assolement rationnel. Or, en leur donnant les 140 voitures annuellement confectionnées dans la ferme, et qui appartiennent cette année à la sole dont ils font partie, il est évident qu'ils peuvent entrer tous les deux à la fois dans la culture rationnelle et à des conditions bien meilleures que leurs devanciers, puisqu'ils y entreront avec 6 degrés de fécondité de plus. C'est ainsi que la transformation de cette sole sera complétée dans la 16e année.

Quant aux deux autres soles, comme on a dû suivre à leur

égard la même marche de convertissement à mesure qu'elles revenaient à leur tour de jachère, celle qui était en orge au moment où l'opération a commencé se trouvera aussi entièrement tranformée la 17e année, et celle qui était en blé à la même époque achèvera également sa transformation la 18e année; de telle sorte qu'au bout de 18 ans la totalité du domaine sera convertie en assolement rationnel, avec un profit pareil fourni par les trois soles, et sans aucun achat de fumier.

Ces détails sont sans doute aussi peu récréatifs à lire qu'ils sont fastidieux à exposer; mais ils étaient nécessaires pour bien faire comprendre le mécanisme de l'opération et pour dénombrer les avantages pécuniaires qu'on en retire pendant le temps même où elle s'accomplit. Ces avantages sont, en effet, considérables, et il est facile d'en faire la récapitulation : ils s'élèvent pour les trois soles, dans le cours de 18 ans, à la somme énorme de 106,222 fr.; ce qui donne en moyenne, pour les 21 hectares composant le domaine, un surcroît de revenu brut de 5,901 fr. par an, ou, pour chaque hectare, un surcroît de produit brut moyen en valeur de 281 fr. par année.

Tel est le mode de transformation par *emprunt* de fumier, d'une culture triennale en culture rationnelle. Il me reste à expliquer le mode de transformation par *progression*.

La transformation par *progression* consiste à mettre en assolement rationnel une *partie* de la sole de jachère avec la seule dose de fumier que cette partie reçoit habituellement dans la culture triennale. Au retour en jachère de la même sole, une *partie égale* est encore mise en assolement rationnel en lui donnant, outre sa ration habituelle de fumier, celle qui aurait été dévolue à la partie déjà rationnellement assolée, ce qui double sa fumure habituelle et la place dans une condition bien meilleure que sa devancière. Lorsque la sole revient de nouveau en jachère, une troisième partie, ou égale, ou même un peu plus forte, est érigée à son tour en assolement rationnel avec tout le fumier qui aurait appartenu aux deux premières. On continue ainsi jusqu'à ce qu'on atteigne une fumure de 60, 70 ou 80 voitures par hectare.

Ici encore l'opération est bien plus facile et bien plus rapide lorsqu'elle s'exécute sur un sol habitué à une fumure triennale de 30 voitures par hectare, et possédant dès lors une fécondité propre de 31°,55, que lorsqu'elle est pratiquée sur un sol ne recevant habituellement que 20 voitures par hectare et n'ayant par suite que 21°,74 de fécondité.

Supposons, en effet, pour le premier cas, un domaine de 84 hectares divisé en trois soles de 28 hectares chacune. La 1re année, on établit l'assolement rationnel sur 8 hectares de la sole alors en jachère, en ne donnant à chacun que sa ration ordinaire de 30 voitures de fumier. La 4e année, où la sole revient en jachère, 8 nouveaux hectares de cette sole sont mis en assolement rationnel en leur accordant, outre leur part habituelle de fumier, celle qui serait revenue à leurs prédécesseurs, de manière qu'ils en reçoivent 60 voitures chacun au lieu de 30. La 7e année, les 12 hectares restant de la sole qui se retrouve en jachère entrent à leur tour en assolement rationnel en se partageant tout le fumier destiné à la sole, ce qui en donne 70 voitures à chacun. La 8e et la 9e années les deux autres soles, auxquelles on a fait subir le même traitement, achèvent de la même manière leur transformation, qui se trouve entièrement accomplie pour tout le domaine au bout de 9 ans. Alors, des 84 hectares qui le composent et qui sont tous en assolement rationnel, 24 y sont entrés fumés à 30 voitures, 24 fumés à 60 voitures, et 36 fumés à 70 voitures.

Supposons, pour le second cas, un domaine de même étendue, mais réduit à une fumure habituelle de 20 voitures par hectare : la transformation sera moins prompte, et exigera, pour être complète, un laps de 15 ans. Voici, du reste, comment on y procède :

La 1re année, 5 hectares de la sole en jachère sont mis en assolement rationnel sans recevoir plus que leur modique fumure habituelle de 20 voitures pour chacun. La 4e année, la sole revenant en jachère, 5 nouveaux hectares sont mis en assolement rationnel avec leur lot ordinaire de fumier augmenté de celui qui devait être attribué à leurs prédécesseurs, c'est-à-dire avec 40 voitures chacun. La 7e année, la sole reprenant son tour de jachère, 5 autres hectares entrent en assolement rationnel en ajoutant à leur part de fumier celle qui est devenue inutile à leurs devanciers, c'est-à-dire avec 60 voitures chacun. La 10e année, 6 hectares de la sole, héritant du fumier qui devait être départi aux 15 hectares déjà admis dans l'assolement rationnel, y sont introduits avec 70 voitures chacun. Enfin, la 13e année, les 7 derniers hectares y arrivent à leur tour, dotés de tout le fumier qui était destiné à la sole, c'est-à-dire avec 80 voitures chacun. Les deux autres soles qui ont suivi les mêmes phases parviennent à leur terme de transformation la 14e et la 15e années. A ce moment, les 84 hectares du domaine sont tous rangés sous les lois de la culture rationnelle, mais formant des catégories ou divisions différentes, à raison des différentes quantités de fumier dont ils ont été pourvus : 15 hectares sont fumés à 20 voitures, 15 à 40 voitures, 15 à 60 voitures, 18 à 70 voitures, et 21 à 80 voitures.

On comprend qu'une si grande diversité dans l'état euphorimétrique des cinq divisions actuelles du domaine détermine inévitablement une variation correspondante dans l'abondance de leurs récoltes respectives, et qu'elle oblige à une extrême circonspection touchant le choix des céréales qu'on en exige. Il importe surtout de ne pas gaspiller prématurément la fécondité dans les divisions faiblement fumées, en leur faisant produire tout d'abord des céréales très-épuisantes, comme le blé. Car, on ne saurait trop le dire et le redire, sous l'influence des récoltes améliorantes la fécondité s'accroît dans la mesure de ce qu'elle est déjà, et l'user sans prévoyance avant qu'elle ait été multipliée par l'action amplifiante des fourrages légumineux, ce serait, comme on dit vulgairement, *manger son blé en herbe*; en pareil cas on est bien sûr de gagner à attendre. Il est donc nécessaire, pour les divisions à basse fumure, d'être très-réservé sur les récoltes de blé qu'on voudrait leur faire produire, jusqu'à ce que l'assolement n'ait plus à donner qu'un petit nombre de récoltes améliorantes. Cette règle, indiquée par la raison, est pleinement sanctionnée par les calculs de la théorie et aussi par l'expérience de la pratique.

Maintenant, pour se bien rendre compte de l'opération, il faut rechercher, à l'aide de la science euphorimétrique, quel sera le produit d'un hectare de chacune des divisions ou catégories. Cette recherche offrira de l'intérêt sous plus d'un rapport. Mais, pour ne point allonger outre mesure les explications à cet égard, je me bornerai à établir le produit d'un hectare de chacune des cinq catégories du second domaine, qui recevait dans la sole de jachère une modique fumure de 20 voitures par hectare, et dont la fécondité propre était seulement de 21°,74, sans m'occuper des trois catégories du premier domaine, qui jouissait d'une fumure triennale de 30 voitures par hectare, et dont la fécondité propre s'élevait à 31°,55. On conçoit, en effet, qu'un hectare de celui-ci soumis à l'assolement rationnel avec 30, 60, ou 70 voitures de fumier, donnera des produits à peu près identiques à ceux d'un hectare du second domaine entrant en assolement rationnel avec 40, 70 ou 80 voitures, puisqu'à raison de la différence de leur fécondité propre l'état de leur fécondité de début différera à peine d'un cinquième de degré.

Commençons donc par calculer les produits d'un hectare de 21°,74 de fécondité propre, qui n'apporte dans l'assolement rationnel que ses 20 voitures habituelles de fumier. Il est certain qu'avec une si faible fumure, qui n'est point renouvelée pendant tout le cours de 21 ans, l'assolement rationnel serait tout-à-fait impraticable si les récoltes de céréales qu'il doit produire étaient toutes des récoltes de blé ; car, à la fin de sa période de 21 ans, le sol se trouverait considérablement détérioré, ainsi que le démontre le tableau suivant :

VIIIᵉ TABLEAU.

Assolement rationnel fumé à 20 voitures, et donnant 7 récoltes de blé.

ANNÉES.	RÉCOLTES.	FÉCONDITÉ ajoutée.	absorbée.	totale.	disponible.
	Fécondité actuelle. . .	»	»	21°,74	21°,74
1.	Luzerne semée seule et fumée à 20 voitures.	27°,55	»	49, 29	49, 29
2, 3, 4, 5.	Luzerne fauchée.	30, 20	»	79, 49	49, 29
6.	Blé	»	19°,72	59, 77	37, 12
7.	Vesces fauchées en fleur. .	6, 62	»	66, 39	51, 29
8.	Blé.	»	20, 52	45, 87	38, 32
9.	Trèfle.	6, 86	»	52, 73	52, 73
10.	Blé	»	21, 09	31, 64	31, 64
11.	Sainf. semé seul, sans fum.	5, 53	»	37, 17	37, 17
12, 13, 14.	Sainfoin fauché.	16, 59	»	53, 76	37, 17
15.	Blé	»	14, 87	38, 89	27, 83
16.	Vesces fauchées en fleur. .	4, 77	»	43, 66	38, 13
17.	Blé.	»	15, 25	28, 41	28, 41
18.	Trèfle	4, 88	»	33, 29	33, 29
19.	Blé.	»	13, 32	19, 97	19, 97
20.	Vesces fauchées en fleur. .	3, 19	»	23, 16	23, 16
21.	Blé.	»	9, 26	13, 90	13, 90
	DÉTÉRIORATION DU SOL. . .	»	7, 84	»	»

Blé, 114°,03 absorbés, produisant 99 hectolitres 78 litres valant.	**1,995ᶠ 60ᶜ**
Paille, 15,500 kilogrammes valant.	**465 »**
Total du produit brut des céréales dans 21 ans	**2,460 60**
Produit brut moyen des céréales par année. . .	**117 17**

A reporter. 2,460 60

Report.		2,460f 60c
Luzerne, 166a,96, produisant 40,000 kilog. valant.	2,400 »	4,320 »
Trèfle, 66a,73, produist 10,600 kilog. valant	636 »	
Sainfoin, 94a,92, produist 11,300 kilog. valant	678 »	
Vesces, 84a,92, produist 10,100 kilog. valant	606 »	
Total général des produits bruts de 21 ans		6,780 60
Produit brut moyen par année.		322 88

Voilà bien un produit brut moyen dont la valeur dépasse de plus de 40 0/0 celle du produit brut moyen de l'assolement triennal; mais aussi le sol a perdu plus du tiers de sa fécondité propre, et conséquemment de sa valeur. On ne saurait donc admettre l'assolement ainsi formulé; il faut donc qu'il y soit fait de profondes modifications.

Y aurait-il possibilité de remédier à cette fâcheuse détérioration du sol par les doubles récoltes de vesces, qui ont été précédemment indiquées comme un puissant moyen de fertilisation? Sans doute, le mal serait beaucoup atténué par elles; cependant il ne serait pas totalement détruit, ainsi qu'on va en juger par les résultats rapportés dans le tableau suivant :

IXᵉ TABLEAU.

Emploi des doubles récoltes de vesces dans l'assolement rationnel fumé à 20 voitures, et donnant 7 récoltes de blé.

		FÉCONDITÉ			
		ajoutée.	absorbée.	totale.	disponible.
	Fécondité propre ou actuelle. . .	»	»	21°,74	21°,74
ANNÉES.	RÉCOLTES.				
1.	Luzerne semée seule et fumée à 20 voitures. . . .	27°,55	»	49, 29	49, 29
2, 3, 4, 5.	Luzerne fauchée	30, 20	»	79, 49	49, 29
6.	Blé	»	19°,72	59, 77	37, 12
7.	Vesces d'hiver, puis d'été, fauchées en fleur.	13, 24	»	73, 01	57, 91
8.	Blé	»	23, 16	49, 85	42, 30
9.	Trèfle.	7, 66	»	57, 51	57, 51
10.	Blé	»	23, »	34, 51	34, 51
11.	Sainf. semé seul, sans fum.	6, 10	»	40, 61	40, 61
12, 13, 14.	Sainfoin fauché.	18, 30	»	58, 91	40, 61
15.	Blé	»	16, 24	42, 67	30, 47
16.	Vesces d'hiver, puis d'été, fauchées en fleur.	10, 58	»	53, 25	47, 15
17.	Blé	»	18, 86	34, 39	34, 39
18.	Trèfle.	6, 08	»	40, 47	40, 47
19.	Blé	»	16, 19	24, 28	24, 28
20.	Vesces d'hiver, puis d'été, fauchées en fleur.	8, 11	»	32, 39	32, 39
21.	Blé	»	12, 96	19, 43	19, 43
	DÉTÉRIORATION DU SOL.	»	2, 31	»	»

Blé, 130°,13 absorbés, produisant 113 hectolitres 86 litres valant. 2,277ᶠ 20ᶜ

Paille, 17,700 kilogrammes valant. . . . . 531 »

Total du produit brut des céréales dans 21 ans 2,808 20

Produit brut moyen des céréales par année. . . 133 72

A reporter. 2,808 20

Report. . . .		2,808f 20c
Luzerne, 166a,96, produisant 40,000 kilog. valant.	2,400 »	5,196 »
Trèfle, 76a,69, produist 12,200 kilog. valant.	732 »	
Sainfoin, 103a,53, produisant 12,400 kilog. valant.	744 »	
Vesces, 183a,74, produisant 22,000 kilog. valant.	1,320 »	
Total général des produits bruts de 21 ans		8,004 20
Produit brut moyen par année		381 15

Il y a bien ici une augmentation sensible de tous les produits, sauf ceux de la luzerne, qui ne peuvent varier qu'en variant l'apport du fumier; mais le sol éprouve encore sur sa fécondité propre une perte de 2°,31, qui doit être absolument évitée. Il faut donc chercher le remède ailleurs que dans les doubles récoltes de vesces, qui, du reste, ne doivent jamais être considérées que comme une ressource *euphorigénique* tout-à-fait accessoire, et dont, par ce motif, nous ne reprendrons l'usage qu'après avoir trouvé le meilleur moyen de préserver le sol de la détérioration à laquelle l'expose une si faible fumure.

C'est en substituant aux récoltes de blé des récoltes de céréales moins épuisantes, qu'on parviendra au but désiré. On ne doit pas oublier, en effet, qu'on opère ici sur un sol d'une fertilité très-médiocre et avec une dose de fumier extrêmement exiguë : or, la raison seule fait concevoir combien il est inconséquent d'exposer à une grande déperdition de fécondité un sol qui en est faiblement pourvu, et de lui demander inconsidérément des récoltes qui ont besoin d'en consommer beaucoup pour se produire. Aussi verra-t-on, par le tableau suivant, qu'en substituant des récoltes d'avoine aux récoltes de blé des 6e, 10e et 15e années, l'assolement commence à devenir praticable, même sans recourir aux doubles récoltes de vesces, puisque la fécondité propre du sol, loin de continuer à être détériorée, obtient une légère bonification de 1°,57.

Xe TABLEAU.

Assolement rationnel fumé à 20 voitures, donnant seulement 4 récoltes de blé.

ANNÉES.	RÉCOLTES.	FÉCONDITÉ ajoutée.	FÉCONDITÉ absorbée.	FÉCONDITÉ totale.	FÉCONDITÉ disponible.
	Fécondité actuelle. . .	»	»	21°,74	21°,74
1.	Luzerne semée seule et fumée à 20 voitures	27°,55	»	49, 29	49, 29
2, 3, 4, 5.	Luzerne fauchée	30, 20	»	79, 49	49, 29
6.	Avoine	»	12°,32	67, 17	44, 52
7.	Vesces fauchées en fleur. .	8, 10	»	75, 27	60, 17
8.	Blé	»	24, 07	51, 20	43, 65
9.	Trèfle.	7, 93	»	59, 13	59, 13
10.	Avoine	»	14, 78	44, 35	44, 35
11.	Sainf. semé seul, sans fum.	8, 07	»	52, 42	52, 42
12, 13, 14.	Sainfoin fauché.	24, 21	»	76, 63	52, 42
15.	Avoine	»	13, 10	63, 53	47, 39
16.	Vesces fauchées en fleur. .	8, 68	»	72, 21	64, 14
17.	Blé	»	25, 66	46, 55	46, 55
18.	Trèfle.	8, 51	»	55, 06	55, 06
19.	Blé	»	22, 02	33, 04	33, 04
20.	Vesces fauchées en fleur. .	5, 81	»	38, 85	38, 85
21.	Blé	»	15, 54	23, 31	23, 31
	BONIFICATION DU SOL.	1, 57	»	»	»

Blé, 87°,29 absorbés, produisant 76 hectolitres 38 litres valant.	1,527f 60c
Avoine, 40°,20 absorbés, produisant 93 hectolitres 91 litres valant.	704 32
Paille, 18,600 kilogrammes valant.	558 »
Total du produit brut des céréales dans 21 ans	2,789 92
Produit brut moyen des céréales par année. . .	132 85
A reporter.	2,789 92

Report.		2,789f 92c
Luzerne, 166a,96, produisant 40,000 kilog. valant	2,400 »	
Trèfle, 90a,20, produist 14,400 kilog. valant.	864 »	
Sainfoin, 133a,05, produisant 15,900 kilog. valant.	954 »	5,112 »
Vesces, 124a,95, produisant 14,900 kilog. valant.	894 »	
Total général des produits bruts de 21 ans		7,901 92
Produit brut moyen par année.		376 28

Ce résultat montre la voie qu'il faut suivre pour rendre l'assolement de plus en plus profitable. Il est évident que l'amélioration déjà obtenue fera un nouveau progrès si on remplace encore la récolte de blé de la 8e année par une récolte d'orge. La fécondité ainsi ménagée exercera son influence salutaire sur toutes les récoltes subséquentes ; les légumineuses à fourrage en retireront surtout un merveilleux avantage : leurs produits augmenteront en même temps que leur puissance de fertilisation, et, en définitive, la fécondité propre du sol y gagnera un accroissement nouveau. Ces prévisions sont pleinement vérifiées par les chiffres du tableau suivant :

XIe TABLEAU.

Assolement rationnel fumé à 20 voitures, ne donnant que 3 récoltes de blé.

ANNÉES.	RÉCOLTES.	FÉCONDITÉ ajoutée.	FÉCONDITÉ absorbée.	FÉCONDITÉ totale.	FÉCONDITÉ disponible.
	Fécondité actuelle. . .	»	»	21°,74	21°,74
1.	Luzerne semée seule et fumée à 20 voitures	27°,55	»	49, 29	49, 29
2, 3, 4, 5.	Luzerne fauchée	30, 20	»	79, 49	49, 29
6.	Avoine	»	12°,32	67, 17	44, 52
7.	Vesces fauchées en fleur. .	8, 10	»	75, 27	60, 17
8.	Orge.	»	15, 04	60, 23	52, 68
9.	Trèfle.	9, 74	»	69, 97	69, 97
10.	Avoine.	»	17, 49	52, 48	52, 48
11.	Sainf. semé seul, sans fum.	9, 70	»	62, 18	62, 18
12, 13, 14.	Sainfoin fauché.	29, 10	»	91, 28	62, 18
15.	Avoine.	»	15, 55	75, 73	56, 33
16.	Vesces fauchées en fleur. .	10, 47	»	86, 20	76, 50
17.	Blé	»	30, 60	55, 60	55, 60
18.	Trèfle.	10, 32	»	65, 92	65, 92
19.	Blé	»	26, 37	39, 55	39, 55
20.	Vesces fauchées en fleur. .	7, 11	»	46, 66	46, 66
21.	Blé	»	18, 66	28, »	28, »
	BONIFICATION DU SOL.	6, 26	»	»	»

Blé, 75°,63 absorbés, produisant 66 hectolitres 18 litres valant.	**1,323^f 60^c**
Orge, 15°,04 absorbés, produisant 25 hectolitres 3 litres valant	**262 81**
Avoine, 45°,36 absorbés, produisant 105 hectolitres 96 litres valant	**794 70**
Paille, 20,200 kilogrammes valant	**606 »**
Total du produit brut des céréales dans 21 ans	**2,987 11**
Produit brut moyen des céréales par année. . .	**142 24**
A reporter.	**2,987 11**

Report.		2,987f 11c
Luzerne, 166°,96, produisant 40,000 kilog. valant.	2,400 »	
Trèfle, 108°,28, produist 17,300 kilog. valant	1,038 »	
Sainfoin, 157°,44, produisant 18,800 kilog. valant.	1,128 »	5,574 »
Vesces, 140°,40, produisant 16,800 kilog. valant.	1,008 »	
Total général des produits bruts de 21 ans		8,561 11
Produit brut moyen par année.		407 67

Ainsi, la simple substitution d'une récolte d'orge à une récolte de blé réagit d'une manière remarquable sur toute l'économie de l'assolement : les 13 récoltes qui suivent cette substitution éprouvent toutes un accroissement prononcé ; et, comme complément des heureux effets de la modification, la fertilité du sol est portée à 28 degrés. Il y a donc une grande amélioration obtenue, et l'assolement ainsi accommodé peut être adopté comme type dans tous les cas où l'on voudrait le pratiquer avec une fumure aussi exiguë. Car qu'est-ce que 20 voitures de fumier par hectare pour un laps de 21 ans ? C'est la septième partie de la quantité qui s'emploie dans l'assolement triennal le plus modiquement fumé ; et lorsqu'on songe qu'avec une dose de fumier aussi minime on parvient à tirer d'un hectare de terrain une valeur brute de 400 fr. par an, c'est-à-dire une valeur plus que double de celle qu'il rendait dans l'assolement triennal, en même temps qu'on accroît sa fertilité propre ou sa valeur de plus de 28 0/0, il me semble qu'on ne peut hésiter à entrer dans une voie dont la science fait voir en chiffres tous les avantages en signalant les écueils qu'il faut éviter.

Cependant, l'amélioration de l'assolement peut être poursuivie, et, à mon avis, elle doit l'être, en remplaçant encore par une récolte d'orge la récolte de blé de la 17e année. On aura alors les produits indiqués dans le tableau suivant :

XIIe TABLEAU.

Assolement rationnel fumé à 20 voitures, ne donnant que 2 récoltes de blé.

ANNÉES.	RÉCOLTES.	FÉCONDITÉ ajoutée.	FÉCONDITÉ absorbée.	FÉCONDITÉ totale.	FÉCONDITÉ disponible.
	Fécondité propre ou actuelle. . .	»	»	21°,74	21°,74
1.	Luzerne semée seule et fumée à 20 voitures	27°,55	»	49, 29	49, 29
2, 3, 4, 5.	Luzerne fauchée	30, 20	»	79, 49	49, 29
6.	Avoine	»	12°,32	67, 17	44, 52
7.	Vesces fauchées en fleur. .	8, 10	»	75, 27	60, 17
8.	Orge.	»	15, 04	60, 23	52, 68
9.	Trèfle.	9, 74	»	69, 97	69, 97
10.	Avoine	»	17, 49	52, 48	52, 48
11.	Sainf. semé seul, sans fum.	9, 70	»	62, 18	62, 18
12, 13, 14.	Sainfoin fauché.	29, 10	»	91, 28	62, 18
15.	Avoine	»	15, 55	75, 73	56, 33
16.	Vesces fauchées en fleur. .	10, 47	»	86, 20	76, 50
17.	Orge.	»	19, 12	67, 08	67, 08
18.	Trèfle.	12, 62	»	79, 70	79, 70
19.	Blé	»	31, 88	47, 82	47, 82
20.	Vesces fauchées en fleur. .	8, 76	»	56, 58	56, 58
21.	Blé	»	22, 63	33, 95	33, 95
	BONIFICATION DU SOL.	12, 21	»	»	»

Blé, 54°,51 absorbés, produisant 47 hectolitres 70 litres valant	954^f	»^c
Orge, 34°,16 absorbés, produisant 56 hectolitres 84 litres valant.	596	82
Avoine, 45°,36 absorbés, produisant 105 hectolitres 96 litres valant.	794	70
Paille, 20,200 kilogrammes valant.	606	»
Total du produit brut des céréales dans 21 ans	2,951	52
Produit brut moyen des céréales par année. . .	140	54
A reporter.	2,951	52

Report.		2,951f 52c
Luzerne, 166°,96, produisant 40,000 kilog. valant.	2,400 »	5,742 »
Trèfle, 119°,76, produis^t^ 19,100 kilog. valant.	1,146 »	
Sainfoin, 157°,44, produisant 18,800 kilog. valant.	1,128 »	
Vesces, 148°,67, produisant 17,800 kilog. valant.	1,068 »	
Total général des produits bruts de 21 ans		8,693 52
Produit brut moyen par année.		413 97

Je conviens que les résultats révélés par ce tableau peuvent faire regarder cette dernière modification comme peu nécessaire, et même, à quelques égards, comme nuisible : le produit brut des céréales y est d'une valeur un peu moindre que dans la modification précédente ; on ne fait que 2 récoltes de blé au lieu de 3 sur 7 récoltes de céréales levées dans le cours de 21 ans.

Mais ces légers inconvénients, si on peut leur donner ce nom, sont rachetés par des avantages qu'on ne saurait dédaigner. D'abord, le produit brut général est, en dernière analyse, d'une valeur un peu plus élevée, parce que les 4 récoltes qui suivent l'orge substituée au blé se ressentent toutes de la plus grande fécondité laissée dans le sol par cette substitution. Puis, la fertilité propre du sol éprouve une nouvelle hausse de 5°,95, qui porte la bonification totale à 12°,21 ou à 56 pour 100 ; et c'est là que gît le plus précieux avantage de la modification. Qu'importe à l'agriculteur de récolter ou du blé ou de l'orge, si, en définitive, ses produits réalisent une plus forte somme d'argent, et si en même temps il augmente la valeur de sa propriété en capitalisant dans sa terre la fertilité qui s'y accumule.

Au reste, l'inconvénient de produire moins de blé ne saurait être d'aucune considération, si on veut bien réfléchir que nous sommes ici dans un cas exceptionnel, anomal, celui d'une culture rationnelle exécutée presque sans fumier, et qui ne peut être rendue praticable qu'à force de ménagements. L'objection n'aurait de la valeur que si elle s'adressait aux catégories qui reçoivent 60, 70 ou 80 voitures de fumier. Mais on verra que là les récoltes de céréales sont presque toutes des récoltes de blé, qu'elles sont extrêmement abondantes, et qu'on est en quelque sorte forcé de les faire pour obvier à l'exubérance de la fertilité : car, du moment que la fécondité disponible du sol atteint un chiffre de 120 degrés, la récolte de blé devient réellement obligatoire et ne pourrait être suppléée sans perte par une céréale moins épuisante.

Il ne faut certainement pas voir dans l'assolement rationnel exécuté avec 20 voitures de fumier par hectare sur un sol de 21°,74 de fertilité, le dernier mot d'un système cultural à qui on puisse demander un compte rigoureux de ce qu'il produit ou ne produit pas ; ce qu'il faut y voir, c'est un véritable tour de force, une grande difficulté vaincue, le premier terme d'une *progression* qui s'élève rapidement aux plus magnifiques productions de fourrages et de blé ; ce qu'il faut y remarquer encore, ce sont les heureuses modifications qui ont permis de faire, d'un assolement primitivement ruineux pour le sol dans les conditions de mesquine fumure où il lui est appliqué, un assolement capable de l'améliorer et de l'enrichir.

Maintenant que nous possédons un moyen non moins simple que sûr d'empêcher que le sol soit détérioré par un assolement rationnel aussi pauvrement fumé, appliquons à celui-ci la ressource auxiliaire des doubles récoltes de vesces, et voyons quel accroissement ces doubles récoltes apporteront encore à ses produits et à la fertilité propre du sol. Il suffira, pour en juger, de faire cette application aux deux dernières modifications de l'assolement, c'est-à-dire à celle qui donne seulement 3 récoltes de blé et à celle qui n'en donne que 2. Les résultats obtenus sont rapportés dans les deux tableaux suivants :

XIIIe TABLEAU.

Emploi des doubles récoltes de vesces dans l'assolement rationnel fumé à 20 voitures, et ne donnant que 3 récoltes de blé.

ANNÉES.	RÉCOLTES.	FÉCONDITÉ ajoutée.	FÉCONDITÉ absorbée.	FÉCONDITÉ totale.	FÉCONDITÉ disponible.
	Fécondité actuelle. . .	»	»	21°,74	21°,74
1.	Luzerne semée seule et fumée à 20 voitures	27°,55	»	49, 29	49, 29
2, 3, 4, 5.	Luzerne fauchée.	30, 20	»	79, 49	49, 29
6.	Avoine	»	12°,32	67, 17	44, 52
7.	Vesces d'hiver, puis d'été, fauchées en fleur.	16, 20	»	83, 37	68, 27
8.	Orge	»	17, 07	66, 30	58, 75
9.	Trèfle.	10, 95	»	77, 25	77, 25
10.	Avoine	»	19, 31	57, 94	57, 94
11.	Sainf. semé seul, sans fum.	10, 79	»	68, 73	68, 73
12, 13, 14.	Sainfoin fauché.	32, 37	»	101, 10	68, 73
15.	Avoine	»	17, 18	83, 92	62, 34
16.	Vesces d'hiver, puis d'été, fauchées en fleur.	23, 33	»	107, 25	96, 46
17.	Blé.	»	38, 58	68, 67	68, 67
18.	Trèfle.	12, 93	»	81, 60	81, 60
19.	Blé.	»	32, 64	48, 96	48, 96
20.	Vesces d'hiver, puis d'été, fauchées en fleur.	17, 98	»	66, 94	66, 94
21.	Blé.	»	26, 78	40, 16	40, 16
	Bonification du sol.	18, 42	»	»	»

Blé, 98°,00 absorbés, produisant 85 hectolitres 75 litres valant	1,715f	»c
Orge, 17°,07 absorbés, produisant 28 hectolitres 40 litres valant.	298	20
Avoine, 48°,81 absorbés, produisant 114 hectolitres 2 litres valant	855	15
Paille, 24,200 kilogrammes valant	726	»
Total du produit brut des céréales dans 21 ans	3,594	35
Produit brut moyen des céréales par année. .	171	15
A reporter.	3,594	35

Report.		3,594f 35c
Luzerne, 166°,96, produisant 40,000 kilog. valant.	2,400 »	
Trèfle, 127°,42, produist 20,300 kilog. valant	1,218 »	
Sainfoin, 173°,82, produisant 20,800 kilog. valant.	1,248 »	7,104 »
Vesces, 311°,64, produisant 37,300 kilog. valant.	2,238 »	
Total général des produits bruts de 21 ans		10,698 35
Produit brut moyen par année.		509 44

En comparant ce tableau avec le 11e, auquel il correspond, on remarque que non-seulement le produit des fourrages est augmenté d'une valeur de 1,530 fr., dans laquelle les trois récoltes supplémentaires de vesces entrent pour une somme de 1,230 fr., mais que les céréales elles-mêmes se ressentent notablement du surcroît de fécondité apporté au sol par ces récoltes supplémentaires, puisque leur produit s'élève de 2,987 à 3,794 fr., et qu'au total le produit brut moyen de l'hectare éprouve un accroissement d'environ 100 fr. par an. On remarque surtout que la bonification du sol monte de 6°,26 à 18°,42 ; qu'ainsi sa fertilité propre est portée de 21°,74, qu'elle avait au début de l'assolement, à 40°,16, et se trouve par conséquent à peu près doublée.

Voyons maintenant quel effet ces doubles récoltes de vesces vont produire sur l'assolement rationnel fumé à 20 voitures, et duquel on n'exige que 2 récoltes de blé :

XIVe TABLEAU.

Emploi des doubles récoltes de vesces dans l'assolement rationnel fumé à 20 voitures, et ne donnant que 2 récoltes de blé.

		FÉCONDITÉ			
		ajoutée.	absorbée.	totale.	disponible.
	Fécondité actuelle. . .	»	»	21°,74	21°,74
ANNÉES.	RÉCOLTES.				
1.	Luzerne semée seule et fumée à 20 voitures	27°,55	»	49, 29	49, 29
2, 3, 4, 5.	Luzerne fauchée	30, 20	»	79, 49	49, 29
6.	Avoine	»	12, 32	67, 17	44, 52
7.	Vesces d'hiver, puis d'été, fauchées en fleur.	16, 20	»	83, 37	68, 25
8.	Orge.	»	17, 07	66, 30	58, 75
9.	Trèfle.	10, 95	»	77, 25	77, 25
10.	Avoine	»	19, 31	57, 94	57, 94
11.	Sainf. semé seul, sans fum.	10, 79	»	68, 73	68, 73
12, 13, 14.	Sainfoin fauché.	32, 37	»	101, 10	68, 73
15.	Avoine	»	17, 18	83, 92	62, 34
16.	Vesces d'hiver, puis d'été, fauchées en fleur.	23, 33	»	107, 25	96, 46
17.	Orge.	»	24, 12	83, 13	83, 13
18.	Trèfle.	15, 83	»	98, 96	98, 96
19.	Blé	»	39, 58	59, 38	59, 38
20.	Vesces d'hiver, puis d'été, fauchées en fleur.	22, 15	»	81, 53	81, 53
21.	Blé	»	32, 61	48, 92	48, 92
	BONIFICATION DU SOL.	27, 18	»	»	»

Blé, 72°,19 absorbés, produisant 63 hectolitres 17 litres valant.	1,263f 40c
Orge, 41°,19 absorbés, produisant 68 hectolitres 54 litres valant.	719 67
Avoine, 48°,81 absorbés, produisant 114 hectolitres 2 litres valant.	855 15
Paille, 24,300 kilogrammes valant	729 »
Total du produit brut des céréales dans 21 ans	3,567 22
Produit brut moyen des céréales par année. .	169 82
A reporter.	3,567 22

		Report.	3,567f 22c
Luzerne, 166°,96, produisant 40,000 kilog. valant.	2,400	»	
Trèfle, 141°,88, produis^t 22,700 kilog. valant.	1,362	»	
Sainfoin, 173°,82, produisant 20,800 kilog. valant.	1,248	»	7,398 »
Vesces, 332°,48, produisant 39,800 kilog. valant.	2,388	»	
Total général des produits bruts de 21 ans			10,965 22
Produit brut moyen par année.			522 15

La comparaison de ce tableau avec le 12e, auquel il se réfère, montre, comme dans le cas précédent, une augmentation sensible de tous les produits, mais mieux prononcée encore. La raison en est simple : le remplacement d'une récolte de blé par une céréale moins épuisante, quoiqu'il n'ait lieu qu'à la fin de l'assolement (la 17e année), en conservant plus de fécondité dans le sol, donne plus de puissance à l'action améliorante de la dernière double récolte de vesces ; aussi, les récoltes de céréales acquièrent-elles une augmentation totale en valeur de 615 fr., les récoltes de fourrages une augmentation en valeur de 1,656 fr., et le produit de toutes les récoltes réunies un accroissement moyen de 108 fr. par année. Ainsi, trois récoltes supplémentaires de vesces, qui ne donnent par elles-mêmes qu'un surcroît de produit en valeur de 1,320 fr., procurent sur l'ensemble des récoltes une augmentation totale de 2,272 fr.; elles contribuent donc à élever tous les autres produits de plus de 950 fr.

Mais ce qui est ici tout-à-fait digne de remarque, c'est la fertilité extraordinaire que le sol a gagnée et qui lui demeure acquise à la fin de l'assolement. Cette fertilité, qui n'était primitivement que de 21°,74, est, en effet, montée à 48°,92 ; la valeur vénale du sol a haussé dans la même proportion, c'est-à-dire de 125 pour 100 ; en sorte que, s'il valait 1,600 fr. l'hectare, il ne vaudra pas moins de 3,600 fr.

Une autre remarque encore bien digne d'intérêt, c'est que, d'un assolement impraticable par l'excès d'épuisement auquel il réduisait le sol, on a pu, à l'aide des indications fournies par la science, faire un assolement extrêmement améliorant, à tel point améliorant qu'on pourrait le recommencer *sans fumier* et en retirer des produits plus abondants que ceux recueillis dans le cours de sa première révolution, car ils les dépasseraient d'au moins 18 pour 100.

Je me suis beaucoup étendu sur cet assolement rationnel fumé à 20 voitures, parce que sa mise en pratique présentait des difficultés sérieuses, et parce que l'étude euphorimétrique des moyens propres à les surmonter offre aux agriculteurs des enseignements utiles, bien capables de les prémunir contre la tendance si générale à cultiver du blé sur des sols dépourvus de la fécondité nécessaire pour le produire sans désavantage.

Passons maintenant à l'assolement rationnel fumé à 40 voitures par hectare pour une durée de 21 ans, c'est-à-dire recevant 100 voitures de moins que l'hectare n'en aurait consommé dans la culture triennale. Ici nous serons beaucoup plus à l'aise, car l'assolement pourrait donner les 7 récoltes de céréales en récoltes de blé sans que le sol perdît rien de sa fertilité propre, ainsi qu'on va en juger par le tableau suivant :

XVe TABLEAU.

Assolement rationnel fumé à 40 voitures, donnant 7 récoltes de blé.

		FÉCONDITÉ			
		ajoutée.	absorbée.	totale.	disponible.
	Fécondité actuelle. . .	»	»	21°,74	21°,74
ANNÉES.	RÉCOLTES.				
1.	Luzerne semée seule et fumée à 40 voitures. . . .	51°,55	»	73, 29	73, 29
2, 3, 4, 5.	Luzerne fauchée	46, 20	»	119, 49	73, 29
6.	Blé	»	29°,32	90, 17	55, 52
7.	Vesces fauchées en fleur. .	10, 30	»	100, 47	77, 37
8.	Blé	»	30, 95	69, 52	57, 97
9.	Trèfle.	10, 79	»	80, 31	80, 31
10.	Blé	»	32, 12	48, 19	48, 19
11.	Sainf. semé-seul, sans fum.	8, 84	»	57, 03	57, 03
12, 13, 14.	Sainfoin fauché.	26, 52	»	83, 55	57, 03
15.	Blé	»	22, 81	60, 74	43, 06
16.	Vesces fauchées en fleur. .	7, 81	»	68, 55	59, 71
17.	Blé	»	23, 88	44, 67	44, 67
18.	Trèfle.	8, 13	»	52, 80	52, 80
19.	Blé	»	21, 12	31, 68	31, 68
20.	Vesces fauchées en fleur. .	5, 54	»	37, 22	37, 22
21.	Blé	»	14, 89	22, 33	22, 33
	BONIFICATION DU SOL.	0, 59	»	»	»

Blé, 175°,09 absorbés, produisant 153 hectolitres 20 litres valant	3,064f »c
Paille, 23,800 kilog. valant.	714 »
Total du produit brut des céréales dans 21 ans	3,778 »
Produit brut moyen des céréales par année. . .	179 52

A reporter. . . . . 3,778 »

Report.		3,778^{f} »^{c}
Luzerne, 246^{a},96, produisant 59,200 kilog. valant.	3,562 »	
Trèfle, 102^{a},64, produis^{t} 16,400 kilog. valant.	984 »	
Sainfoin, 144^{a},57, produisant 17,300 kilog. valant.	1,038 »	6,520 »
Vesces, 130^{a},26, produisant 15,600 kilog. valant.	936 »	
Total général des produits bruts de 21 ans		10,298 »
Produit brut moyen par année.		490 38

Malgré l'avantage d'abord séduisant d'un produit moyen en valeur de 490 fr. par an, avec l'entière conservation de la fécondité propre du sol, cette formule ne saurait être adoptée ; car, en remplaçant quelques récoltes de blé par d'autres céréales moins épuisantes, on pourra singulièrement accroître et la fertilité du sol et la généralité des produits, moins toutefois la luzerne, qui ne varie point parce qu'elle reste dans les mêmes conditions de fumure. Le remplacement d'un seul blé par une avoine, à la 6e année de l'assolement, rend déjà cet accroissement très-sensible, comme on en jugera par le tableau qui suit :

XVIe TABLEAU.

Assolement rationnel fumé à 40 voitures, donnant 6 récoltes de blé.

ANNÉES.	RÉCOLTES.	FÉCONDITÉ ajoutée.	FÉCONDITÉ absorbée.	FÉCONDITÉ totale.	FÉCONDITÉ disponible.
	Fécondité actuelle. . .	»	»	21°,74	21°,74
1.	Luzerne semée seule et fumée à 40 voitures	51°,55	»	73, 29	73, 29
2, 3, 4, 5.	Luzerne fauchée	46, 20	»	119, 49	73, 29
6.	Avoine	»	18°,32	101, 17	66, 52
7.	Vesces fauchées en fleur. .	12, 50	»	113, 67	90, 57
8.	Blé	»	36, 23	77, 44	65, 89
9.	Trèfle.	12, 38	»	89, 82	89, 82
10.	Blé	»	35, 93	53, 89	53, 89
11.	Sainf. semé seul, sans fum.	9, 98	»	63, 87	63, 87
12, 13, 14.	Sainfoin fauché.	29, 94	»	93, 81	63, 87
15.	Blé	»	25, 55	68, 26	48, 30
16.	Vesces fauchées en fleur. .	8, 86	»	77, 12	67, 14
17.	Blé	»	26, 86	50, 26	50, 26
18.	Trèfle.	9, 25	»	59, 51	59, 51
19.	Blé	»	23, 80	35, 71	35, 71
20.	Vesces fauchées en fleur. .	6, 34	»	42, 05	42, 05
21.	Blé	»	16, 82	25, 23	25, 23
	BONIFICATION DU SOL.	3, 49	»	»	»

Blé, 165°,19 absorbés, produisant 144 hectolitres 54 litres valant.	2,890f 80c
Avoine, 18°,32 absorbés, produisant 42 hectolitres 80 litres valant	321 »
Paille, 25,600 kilogrammes valant.	768 »
Total du produit brut des céréales dans 21 ans	3,979 80
Produit brut moyen des céréales par année. . .	189 51
A reporter.	3,979 80

Report.		3,979f 80c
Luzerne, 246°,96, produisant 59,200 kilog. valant	3,552 »	
Trèfle, 116°,15, produist 18,500 kilog. valant.	1,110 »	
Sainfoin, 161°,67, produisant 19,400 kilog. valant.	1,164 »	6,906 »
Vesces, 150°,53, produisant 18,000 kilog. valant.	1,080 »	
Total général des produits bruts de 21 ans		10,885 80
Produit brut moyen par année.		518 37

En remplaçant un second blé, celui de la 10e année de l'assolement, par une autre récolte d'avoine, l'accroissement devient plus sensible encore, ainsi que le démontrent les résultats consignés dans le tableau ci-après :

XVIIe TABLEAU.

Assolement rationnel fumé à 40 voitures, donnant 5 récoltes de blé.

		FÉCONDITÉ			
		ajoutée.	absorbée.	totale.	disponible.
	Fécondité actuelle. . .	»	»	21°,74	21°,74
ANNÉES.	RÉCOLTES.				
1.	Luzerne semée seule et fumée à 40 voitures.	51°, 55	»	73, 29	73, 29
2, 3, 4, 5.	Luzerne fauchée.	46, 20	»	119, 49	73, 29
6.	Avoine	»	18°, 32	101, 17	66, 52
7.	Vesces fauchées en fleur. .	12, 50	»	113, 67	90, 57
8.	Blé.	»	36, 23	77, 44	65, 89
9.	Trèfle.	12, 38	»	89, 82	89, 82
10.	Avoine	»	22, 46	67, 36	67, 36
11.	Sainf. semé seul, sans fum.	12, 67	»	80, 03	80, 03
12, 13, 14.	Sainfoin fauché.	38, 01	»	118, 04	80, 03
15.	Blé	»	32, 01	86, 03	60, 69
16.	Vesces fauchées en fleur. .	11, 34	»	97, 37	84, 70
17.	Blé.	»	33, 88	63, 49	63, 49
18.	Trèfle	11, 90	»	75, 39	75, 39
19.	Blé.	»	30, 16	45, 23	45, 23
20.	Vesces fauchées en fleur. .	8, 25	»	53, 48	53, 48
21.	Blé.	»	21, 39	32, 09	32, 09
	BONIFICATION DU SOL.	10, 35	»	»	»

Blé, 153°,67 absorbés, produisant 134 hectolitres 46 litres valant	2,689f 20c
Avoine, 40°,78 absorbés, produisant 95 hectolitres 26 litres valant.	714 45
Paille, 27,800 kilogrammes valant	834 »
Total du produit brut des céréales dans 21 ans	4,237 65
Produit brut moyen des céréales par année. .	201 79
A reporter.	4,237 65

	Report.		4,237f 65c
Luzerne, 246°,96, produisant 59,200 kilog. valant.	3,552 »		
Trèfle, 129°,38, produist 20,700 kilog. valant	1,242 »		
Sainfoin, 202°,08, produisant 24,200 kilog. valant	1,452 »		7,482 »
Vesces, 172°,44, produist 20,600 kilog. valant	1,236 »		
Total général des produits bruts de 21 ans			11,719 65
Produit brut moyen par année.			558 07

Un troisième blé, celui de la 8e année, étant encore remplacé par une récolte d'orge, tous les produits subiront une nouvelle augmentation sous l'influence de la fécondité qui aura été conservée dans le sol par cette substitution. Le tableau suivant précise l'étendue de ce progrès:

XVIIIᵉ TABLEAU.

Assolement rationnel fumé à 40 voitures, donnant 4 récoltes de blé.

ANNÉES.	RÉCOLTES.	FÉCONDITÉ ajoutée.	FÉCONDITÉ absorbée.	FÉCONDITÉ totale.	FÉCONDITÉ disponible.
	Fécondité actuelle. . .	»	»	21°,74	21°,74
1.	Luzerne semée seule et fumée à 40 voitures	51°,55	»	73, 29	73, 29
2, 3, 4, 5.	Luzerne fauchée	46, 20	»	119, 49	73, 29
6.	Avoine	»	18°,32	101, 17	66, 52
7.	Vesces fauchées en fleur. .	12, 50	»	113, 67	90, 57
8.	Orge.	»	22, 64	91, 03	79, 48
9.	Trèfle.	15, 10	»	106, 13	106, 13
10.	Avoine	»	26, 53	79, 60	79, 60
11.	Sainf. semé seul, sans fum.	15, 12	»	94, 72	94, 72
12, 13, 14.	Sainfoin fauché.	45, 36	»	140, 08	94, 72
15.	Blé	»	37, 89	102, 19	71, 95
16.	Vesces fauchées en fleur. .	13, 59	»	115, 78	100, 66
17.	Blé	»	40, 26	75, 52	75, 52
18.	Trèfle.	14, 30	»	89, 82	89, 82
19.	Blé	»	35, 93	53, 89	53, 89
20.	Vesces fauchées en fleur. .	9, 98	»	63, 87	63, 87
21.	Blé	»	25, 55	38, 32	38, 32
	BONIFICATION DU SOL.	16, 58	»	»	»

Blé, 139°,63 absorbés, produisant 122 hectolitres 18 litres valant	2,443ᶠ 60ᶜ
Orge, 22°,64 absorbés, produisant 37 hectolitres 67 litres valant	395 53
Avoine, 44°,85 absorbés, produisant 104 hectolitres 77 litres valant.	785 77
Paille, 30,000 kilogrammes valant.	900 »
Total du produit brut des céréales dans 21 ans	4,524 90
Produit brut moyen des céréales par année. . .	215 47
A reporter.	4,524 90

	Report.	4,524f 90c
Luzerne, 246a,96, produisant 59,200 kilog. valant.	3,552 »	
Trèfle, 155a,00, produist 24,800 kilog. valant.	1,488 »	
Sainfoin, 238a,80, produisant 28,600 kilog. valant.	1,716 »	8,136 »
Vesces, 192a,36, produisant 23,000 kilog. valant.	1,380 »	
Total général des produits bruts de 21 ans		12,660 90
Produit brut moyen par année		602 90

Ainsi, les produits de toutes les cultures, à l'exception de la luzerne, continuent d'augmenter à mesure que le nombre des récoltes de blé diminue, parce qu'ils trouvent dans un sol de moins en moins appauvri par ces dernières plus de fécondité pour favoriser leur croissance et leur développement.

Enfin, si l'on veut arriver à la plus haute production que l'assolement de cette catégorie soit susceptible d'atteindre, il faut substituer encore une avoine au blé de la 15e année; alors l'assolement ne donnera plus que 3 récoltes de blé, et ses produits seront ceux indiqués dans le tableau suivant:

XIXe TABLEAU.

Assolement rationnel fumé à 40 voitures, et donnant seulement 3 récoltes de blé.

		FÉCONDITÉ			
		ajoutée.	absorbée.	totale.	disponible.
	Fécondité actuelle. . .	»	»	21°,74	21°,74
ANNÉES.	RÉCOLTES.				
1.	Luzerne semée seule et fumée à 40 voitures	51°,55	»	73, 29	73, 29
2, 3, 4, 5.	Luzerne fauchée	46, 20	»	119, 49	73, 29
6.	Avoine	»	18°,32	101, 17	66, 52
7.	Vesces fauchées en fleur. .	12, 50	»	113, 67	90, 57
8.	Orge.	»	22, 64	91, 03	79, 48
9.	Trèfle	15, 10	»	106, 13	106, 13
10.	Avoine	»	26, 53	79, 60	79, 60
11.	Sainf. semé seul, sans fum.	15, 12	»	94, 72	94, 72
12, 13, 14.	Sainfoin fauché.	45, 36	»	140, 08	94, 72
15.	Avoine	»	23, 68	116, 40	86, 16
16.	Vesces fauchées en fleur. .	16, 43	»	132, 83	117, 71
17.	Blé	»	47, 08	85, 75	85, 75
18.	Trèfle	16, 35	»	102, 10	102, 10
19.	Blé	»	40, 84	61, 26	61, 26
20.	Vesces fauchées en fleur. .	11, 45	»	72, 71	72, 71
21.	Blé	»	29, 08	43, 63	43, 63
	BONIFICATION DU SOL.	21, 89	»	»	»

Blé, 117°,00 absorbés, produisant 102 hectolitres 38 litres valant	2,047f 60c
Orge, 22°,64 absorbés, produisant 37 hectolitres 67 litres valant.	395 53
Avoine, 68°,53 absorbés, produisant 160 hectolitres 9 litres valant.	1,200 67
Paille, 39,900 kilogrammes valant.	927 »
Total du produit brut des céréales dans 21 ans	4,570 80
Produit brut moyen des céréales par année. . .	217 65
A reporter.	4,570 80

Report.		4,570f 80,
Luzerne, 246a,96, produisant 59,200 kilog. valant.	3,552 »	
Trèfle, 165a,23, produist 26,400 kilog. valant	1,584 »	
Sainfoin, 238a,80, produisant 28,600 kilog. valant.	1,716 »	8,388 »
Vesces, 213a,94, produisant 25,600 kilog. valant.	1,536 »	
Total général des produits bruts de 21 ans		12,958 80
Produit brut moyen par année.		617 08

En rapprochant ce tableau du 15e, qui indique les produits donnés par l'assolement lorsqu'on lui impose 7 récoltes de blé, on est frappé de voir que, par le seul effet d'une prudente temporisation dans la production du blé, le produit brut moyen de l'hectare se trouve augmenté d'une valeur de 125 fr. par an ; que les seules céréales ont éprouvé dans leur moyenne annuelle un accroissement en valeur de 38 fr.; que la fertilité du sol a haussé de 21°,30, c'est-à-dire qu'elle a réellement doublé ; et cependant tout est parfaitement logique dans les causes qui amènent ces résultats, tout repose d'ailleurs sur des calculs irrécusables.

Maintenant, si on applique à cette dernière formule les doubles récoltes de vesces fauchées en fleur, on recueillera les quantités de produits rapportées dans le tableau qui suit, et on arrivera à cette agglomération de fécondité déjà signalée, mais toujours véritablement merveilleuse, qui permettrait de recommencer *sans fumier* le cours de l'assolement et d'en obtenir autant de produits que la première fois.

XXe TABLEAU.

Emploi des doubles récoltes de vesces dans l'assolement rationnel fumé à 40 voitures, et donnant seulement 3 récoltes de blé.

ANNÉES.	RÉCOLTES.	FÉCONDITÉ ajoutée.	FÉCONDITÉ absorbée.	FÉCONDITÉ totale.	FÉCONDITÉ disponible.
	Fécondité actuelle. . .	»	»	21°,74	21°,74
1.	Luzerne semée seule et fumée à 40 voitures	51°,55	»	73, 29	73, 29
2, 3, 4, 5.	Luzerne fauchée	46, 20	»	119, 49	73, 29
6.	Avoine	»	18°,32	101, 17	66, 52
7.	Vesces d'hiver, puis d'été, fauchées en fleur.	25, »	»	126, 17	103, 07
8.	Orge.	»	25, 77	100, 40	88, 85
9.	Trèfle.	16, 97	»	117, 37	117, 37
10.	Avoine	»	29, 34	88, 03	88, 03
11.	Sainf. semé seul, sans fum.	16, 80	»	104, 83	104, 83
12, 13, 14.	Sainfoin fauché.	50, 40	»	155, 23	104, 83
15.	Avoine	»	26, 21	129, 02	95, 42
16.	Vesces d'hiver, puis d'été, fauchées en fleur.	36, 56	»	165, 58	148, 78
17.	Blé	»	59, 51	106, 07	106, 07
18.	Trèfle.	20, 41	»	126, 48	126, 48
19.	Blé	»	50, 59	75, 89	75, 89
20.	Vesces d'hiver, puis d'été, fauchées en fleur.	28, 75	»	104, 64	104, 64
21.	Blé	»	41, 86	62, 78	62, 78
	BONIFICATION DU SOL.	41, 04	»	»	»

Blé, 151°,96 absorbés, produisant 132 hectolitres 97 litres valant.	2,659^f 40^c
Orge, 25°,77 absorbés, produisant 42 hectolitres 88 litres valant.	450 24
Avoine, 73°,87 absorbés, produisant 172 hectolitres 56 litres valant.	1,294 20
Paille, 37,100 kilogrammes valant.	1,113 »
Total du produit brut des céréales dans 21 ans	5,516 84
Produit brut moyen des céréales par année. .	262 70
A reporter.	5,516 84

Report.		5,516f 84c
Luzerne, 246°,96, produisant 59,200 kilog. valant.	3,552 »	
Trèfle, 194°,92, produist 31,100 kilog. valant.	1,866 »	
Sainfoin, 264°,09, produisant 31,600 kilog. valant.	1,896 »	10,734 »
Vesces, 475°,66, produisant 57,000 kilog. valant.	3,420 »	
Total général des produits bruts de 21 ans		16,250 84
Produit brut moyen par année.		773 85

En terminant les détails dans lesquels je suis entré au sujet de l'assolement de cette catégorie, je ne puis m'empêcher de faire un rapprochement qui me semble devoir frapper les agriculteurs les moins intelligents.

Voilà un hectare de terrain qui, soumis à l'assolement triennal, consommait en 21 ans 140 voitures de fumier; son produit brut moyen était de 191 fr. par an; sa fertilité propre était stationnaire et invariablement fixée à 21°,74 (1).

Mis en assolement rationnel avec 40 voitures de fumier seulement, il en consomme 100 voitures de moins; son produit brut moyen, d'après la formule du 20e tableau ci-dessus, s'élève à 773 fr. par an: il a donc quadruplé; sa fertilité propre est montée à 62°,78 : elle a donc à peu près triplé.

Veut-on ne comparer que le produit moyen des céréales? Celui de l'assolement triennal est de 191 fr. par an, celui de l'assolement rationnel est de 262 fr.; différence en faveur de ce dernier, 71 fr. par an. Enfin, veut-on comparer le seul produit en *blé* des deux assolements? Dans les 191 fr. du produit moyen de l'assolement triennal, le blé entre pour une valeur de 112 fr.; dans les 262 fr. du produit moyen en céréales de l'assolement rationnel, le blé entre pour 126 fr.: il a donc encore l'avantage de ce côté.

(1) Voyez page 18.

En résumé, indépendamment de ce que la fertilité propre du sol est triplée et par conséquent aussi la valeur intrinsèque du fonds, l'hectare de l'assolement rationnel présente sur l'hectare de l'assolement triennal un excédant moyen

annuel, en fourrage, de	511 f
en blé.	14
en orge et avoine	41
en paille.	16
Total de l'excédant annuel. . . .	582
Produit annuel entier de l'assolement triennal . . .	191
Total égal au produit annuel entier de l'assolement rationnel	773

Plus une épargne de 100 voitures de fumier.

Arrivons à l'assolement rationnel fumé à 60 voitures par hectare, et faisons aussi la supputation de ses produits. Les explications que j'aurai à donner sur cette catégorie, ainsi que sur les deux dernières qui sont fumées à 70 et à 80 voitures, seront très-succinctes; car les chiffres parleront maintenant assez haut pour qu'on n'ait pas besoin de multiplier autant les tableaux ni de les faire suivre toujours des mêmes commentaires.

XXIe TABLEAU.

Assolement rationnel fumé à 60 voitures, donnant 7 récoltes de blé.

		FÉCONDITÉ			
		ajoutée.	absorbée.	totale.	disponible.
	Fécondité actuelle. . .	»	»	21°,74	21°,74
ANNÉES.	RÉCOLTES.				
1.	Luzerne semée seule et fumée à 60 voitures	75°,55	»	97, 29	97, 29
2, 3, 4, 5.	Luzerne fauchée.	62, 20	»	159, 49	97, 29
6.	Blé	»	38°, 92	120, 57	73, 92
7.	Vesces fauchées en fleur. .	13, 98	»	134, 55	103, 45
8.	Blé	»	41, 38	93, 17	77, 62
9.	Trèfle	14, 72	»	107, 89	107, 89
10.	Blé	»	43, 16	64, 73	64, 73
11.	Sainf. semé seul, sans fum.	12, 15	»	76, 88	76, 88
12, 13, 14.	Sainfoin fauché.	36, 45	»	113, 33	76, 88
15.	Blé	»	30, 75	82, 58	58, 28
16.	Vesces fauchées en fleur. .	10, 86	»	93, 44	81, 29
17.	Blé.	»	32, 52	60, 92	60, 92
18.	Trèfle	11, 38	»	72, 30	72, 30
19.	Blé.	»	28, 92	43, 38	43, 38
20.	Vesces fauchées en fleur. .	7, 88	»	51, 26	51, 26
21.	Blé.	»	20, 50	30, 76	30, 76
	BONIFICATION DU SOL.	9, 02	»	»	»

Blé, 236°,15 absorbés, produisant 206 hectolitres 63 litres valant.	4,132f 60c
Paille, 32,200 kilogrammes valant.	966 »
Total du produit brut des céréales dans 21 ans	5,098 60
Produit brut moyen des céréales par année. . .	242 77

A reporter. 5,098 60

	Report.	5,098f 60c
Luzerne, 326a,96, produisant 78,400 kilog. valant.	4,704 »	
Trèfle, 138a,54, produist 22,100 kilog. valant.	1,326 »	
Sainfoin, 194a,19, produisant 23,300 kilog. valant.	1,398 »	8,688 »
Vesces, 175a,58, produisant 21,000 kilog. valant.	1,260 »	
Total général des produits bruts de 21 ans		13,786 60
Produit brut moyen par année.		656 50

XXIIe TABLEAU.

Assolement rationnel fumé à 60 voitures, donnant 5 récoltes de blé.

		FÉCONDITÉ			
		ajoutée.	absorbée.	totale.	disponible.
	Fécondité actuelle. . .	»	»	21°,74	21°,74
ANNÉES.	RÉCOLTES.				
1.	Luzerne semée seule et fumée à 60 voitures. . . .	75°,55	»	97, 29	97, 29
2, 3, 4, 5.	Luzerne fauchée	62, 20	»	159, 49	97, 29
6.	Avoine	»	24°,32	135, 17	88, 52
7.	Vesces fauchées en fleur. .	16, 90	»	152, 07	120, 97
8.	Blé	»	48, 39	103, 68	88, 13
9.	Trèfle.	16, 83	»	120, 51	120, 51
10.	Avoine	»	30, 13	90, 38	90, 38
11.	Sainf. semé seul, sans fum.	17, 28	»	107, 66	107, 66
12, 13, 14.	Sainfoin fauché.	51, 84	»	159, 50	107, 66
15.	Blé	»	43, 06	116, 44	81, 88
16.	Vesces fauchées en fleur. .	15, 58	»	132, 02	114, 74
17.	Blé	»	45, 90	86, 12	86, 12
18.	Trèfle.	16, 42	»	102, 54	102, 54
19.	Blé	»	41, 02	61, 52	61, 52
20.	Vesces fauchées en fleur. .	11, 50	»	73, 02	73, 02
21.	Blé	»	29, 21	43, 81	43, 81
	BONIFICATION DU SOL.	22, 07	»	»	»

Blé, 207°,58 absorbés, produisant 181 hectolitres 63 litres valant.	3,632[f] 60[c]
Avoine, 54°,45 absorbés, produisant 127 hectolitres 20 litres valant	954 »
Paille, 37,400 kilogrammes valant	1,122 »
Total du produit brut des céréales dans 21 ans	5,708 60
Produit brut moyen des céréales par année. . .	271 83
A reporter.	5,708 60

Report.		5,708f 60c
Luzerne, 326a,96, produisant 78,400 kilog. valant	4,704 »	
Trèfle, 174a,25, produist 27,800 kilog. valant	1,668 »	
Sainfoin, 271a,14, produisant 32,500 kilog. valant.	1,950 »	9,990 »
Vesces, 231a,92, produisant 27,800 kilog. valant.	1,668 »	
Total général des produits bruts de 21 ans		15,698 60
Produit brut moyen par année.		747 55

XXIIIe TABLEAU.

Assolement rationnel fumé à 60 voitures, ne donnant que 4 récoltes de blé.

ANNÉES.	RÉCOLTES.	FÉCONDITÉ ajoutée.	absorbée.	totale.	disponible.
	Fécondité actuelle. . .	»	»	21°,74	21°,74
1.	Luzerne semée seule et fumée à 60 voitures.. . . .	75°,55	»	97, 29	97, 29
2, 3, 4, 5.	Luzerne fauchée	62, 20	»	159, 49	97, 29
6.	Avoine	»	24°,32	135, 17	88, 52
7.	Vesces fauchées en fleur. .	16, 90	»	152, 07	120, 97
8.	Blé	»	48, 39	103, 68	88, 13
9.	Trèfle.	16, 83	»	120, 51	120, 51
10.	Avoine	»	30, 13	90, 38	90, 38
11.	Sainf. semé seul, sans fum.	17, 28	»	107, 66	107, 66
12, 13, 14.	Sainfoin fauché.	51, 84	»	159, 50	107, 66
15.	Avoine	»	26, 92	132, 58	98, 02
16.	Vesces fauchées en fleur. .	18, 80	»	151, 38	134, 10
17.	Blé	»	53, 64	97, 74	97, 74
18.	Trèfle.	18, 75	»	116, 49	116, 49
19.	Blé	»	46, 60	69, 89	69, 89
20.	Vesces fauchées en fleur. .	13, 18	»	83, 07	83, 07
21.	Blé	»	33, 23	49, 84	49, 84
	BONIFICATION DU SOL.	28, 10	»	»	»

Blé, 181°,86 absorbés, produisant 159 hectolitres 13 litres valant	3,182f 60c
Avoine, 81°,37 absorbés, produisant 190 hectolitres 8 litres valant	1,425 60
Paille, 38,500 kilog valant.	1,155 »
Total du produit brut des céréales dans 21 ans	5,763 20
Produit brut moyen des céréales par année. .	274 43
A reporter.	5,763 20

Report.		5,763f 20c
Luzerne, 326°,96, produisant 78,400 kilog. valant.	4,704 »	
Trèfle, 185°,87, produist 29,700 kilog. valant	1,782 »	
Sainfoin, 271°,14, produisant 32,500 kilog. valant.	1,950 »	10,278 »
Vesces, 256°,43, produisant 30,700 kilog. valant.	1,842 »	
Total général des produits bruts de 21 ans		16,041 20
Produit brut moyen par année.		763 86

On voit qu'en restreignant le nombre des récoltes de blé on accroît toujours la fertilité du sol et la masse générale des produits; que les récoltes des céréales elles-mêmes éprouvent dans leur ensemble une augmentation croissante; que, quant au blé en particulier, on ne peut craindre de n'en pas produire assez, puisque dans la formule à 7 récoltes de cette céréale le produit en blé surpasse de 84 fr. par an celui de la culture triennale, que dans la formule à 5 récoltes il l'excède de 60 fr., et que dans la formule à 4 récoltes il l'excède encore de 39 fr.

Nous passons à l'assolement rationnel fumé à 70 voitures par hectare.

En indiquant dans la première partie les modifications essentielles à faire subir à l'assolement rationnel que j'avais primitivement proposé, j'ai consigné dans les 3e et 4e tableaux le compte euphorimétrique des produits de l'assolement fumé à 70 voitures et donnant ou 7 récoltes ou seulement 5 récoltes de blé; il est donc tout-à-fait inutile de les reproduire. Toutefois, je vais présenter ici une nouvelle formule donnant 5 récoltes de blé, qui pourra être rapprochée de celle du 5e tableau; puis deux formules différentes donnant toutes deux 6 récoltes de blé, qu'on pourra comparer entre elles, et l'on verra par la différence de leurs produits respectifs combien il est profitable d'opérer la substitution d'une avoine à un blé dans telle année plutôt que dans telle autre de l'assolement, par exemple dans la 10e année de préférence à la 15e et même à la 6e.

XXIVe TABLEAU.

Assolement rationnel fumé à 70 voitures, et ne donnant que 5 récoltes de blé.

		FÉCONDITÉ			
		ajoutée.	absorbée.	totale.	disponible.
	Fécondité actuelle. . .	»	»	21°,74	21°,74
ANNÉES.	RÉCOLTES.				
1.	Luzerne semée seule et fumée à 70 voitures	87°,55	»	109, 29	109, 29
2, 3, 4, 5.	Luzerne fauchée	70, 20	»	179, 49	109, 29
6.	Avoine	»	27°,32	152, 17	99, 52
7.	Vesces fauchées en fleur. .	17, 10	»	169, 27	134, 17
8.	Blé	»	53, 67	115, 60	98, 05
9.	Trèfle.	18, 81	»	134, 41	134, 41
10.	Avoine	»	33, 60	100, 81	100, 81
11.	Sainf. semé seul, sans fum.	19, 36	»	120, 17	120, 17
12, 13, 14.	Sainfoin fauché.	58, 08	»	178, 25	120, 17
15.	Blé	»	48, 07	130, 18	91, 46
16.	Vesces fauchées en fleur. .	17, 49	»	147, 67	128, 31
17.	Blé	»	51, 32	96, 35	96, 35
18.	Trèfle.	18, 47	»	114, 82	114, 82
19.	Blé	»	45, 93	68, 89	68, 89
20.	Vesces fauchées en fleur. .	12, 98	»	81, 87	81, 87
21.	Blé	»	32, 75	49, 12	49, 12
	Bonification du sol.	27, 38	»	»	»

Blé, 231°,74 absorbés, produisant 202 hectolitres 77 litres valant	4,055 40
Avoine, 60°,92 absorbés, produisant 142 hectolitres 31 litres valant.	1,067 32
Paille, 41,800 kilog. valant.	1,254 »
Total du produit brut des céréales dans 21 ans	6,376 72
Produit brut moyen des céréales par année. .	303 65
A reporter.	6,376 72

Report.		6,376f 72c
Luzerne, 366°,96, produisant 88,000 kilog. valant.	5,280 »	
Trèfle, 194°,40, produisist 31,100 kilog. valant.	1,866 »	
Sainfoin, 302°,43, produisant 36,200 kilog. valant.	2,172 »	11,184 »
Vesces, 259°,87, produisant 31,100 kilog. valant.	1,866 »	
Total général des produits bruts de 21 ans		17,560 72
Produit brut moyen par année.		836 22

XXVe TABLEAU.

Assolement rationnel fumé à 70 voitures, donnant 6 récoltes de blé (1re formule).

ANNÉES.	RÉCOLTES.	FÉCONDITÉ ajoutée.	FÉCONDITÉ absorbée.	FÉCONDITÉ totale.	FÉCONDITÉ disponible.
	Fécondité actuelle. . .	»	»	21°,74	21°,74
1.	Luzerne semée seule et fumée à 70 voitures.	87°, 55	»	109, 29	109, 29
2, 3, 4, 5.	Luzerne fauchée.	70, 20	»	179, 49	109, 29
6.	Blé	»	43°, 72	135, 77	83, 12
7.	Vesces fauchées en fleur. .	15, 82	»	151, 59	116, 49
8.	Blé.	»	46, 60	104, 99	87, 44
9.	Trèfle.	16, 69	»	121, 68	121, 68
10.	Blé	»	48, 67	73, 01	73, 01
11.	Sainf. semé seul, sans fum.	13, 80	»	86, 81	86, 81
12, 13, 14.	Sainfoin fauché.	41, 40	»	128, 21	86, 81
15.	Avoine.	»	21, 70	106, 51	78, 91
16.	Vesces fauchées en fleur. .	14, 98	»	121, 49	107, 69
17.	Blé.	»	43, 08	78, 41	78, 41
18.	Trèfle	14, 88	»	93, 29	93, 29
19.	Blé.	»	37, 32	55, 97	55, 97
20.	Vesces fauchées en fleur. .	10, 39	»	66, 36	66, 36
21.	Blé.	»	26, 54	39, 82	39, 82
	BONIFICATION DU SOL.	18, 08	»	»	»

Blé, 245°,93 absorbés, produisant 215 hectolitres 19 litres valant	4,303f 80c
Avoine, 21°,70 absorbés, produisant 50 hectolitres 69 litres valant.	380 17
Paille, 37,200 kilogrammes valant	1,116 »
Total du produit brut des céréales dans 21 ans	5,799 97
Produit brut moyen des céréales par année. .	276 18
A reporter.	5,799 97

Report.			5,799f 97c
Luzerne, 366°,96, produisant 88,000 kilog. valant.	5,280	»	10,008 »
Trèfle, 165°,85, produist 26,500 kilog. valant.	1,590	»	
Sainfoin, 219°,03, produisant 26,200 kilog. valant.	1,572	»	
Vesces, 218°,00, produisant 26,100 kilog. valant.	1,566	»	
Total général des produits bruts de 21 ans			15,807 97
Produit brut moyen par année.			752 76

XXVIe TABLEAU.

Assolement rationnel fumé à 70 voitures, donnant 6 récoltes de blé (2e formule).

ANNÉES.	RÉCOLTES.	FÉCONDITÉ ajoutée.	FÉCONDITÉ absorbée.	FÉCONDITÉ totale.	FÉCONDITÉ disponible.
	Fécondité actuelle. . .	»	»	21°,74	21°,74
1.	Luzerne semée seule et fumée à 70 voitures	87°,55	»	109, 29	109, 29
2, 3, 4, 5.	Luzerne fauchée	70, 20	»	179, 49	109, 29
6.	Blé	»	43°,72	135, 77	83, 12
7.	Vesces fauchées en fleur. .	15, 82	»	151, 59	116, 49
8.	Blé	»	46, 60	104, 99	87, 44
9.	Trèfle	16, 69	»	121, 68	121, 68
10.	Avoine	»	30, 42	91, 26	91, 26
11.	Sainf. semé seul, sans fum.	17, 45	»	108, 71	108, 71
12, 13, 14.	Sainfoin fauché.	52, 35	»	161, 06	108, 71
15.	Blé	»	43, 48	117, 58	82, 68
16.	Vesces fauchées en fleur. .	15, 74	»	133, 32	115, 87
17.	Blé	»	46, 35	86, 97	86, 97
18.	Trèfle	16, 59	»	103, 56	103, 56
19.	Blé	»	41, 42	62, 14	62, 14
20.	Vesces fauchées en fleur. .	11, 83	»	73, 97	73, 97
21.	Blé	»	29, 59	44, 38	44, 38
	BONIFICATION DU SOL.	22, 64	»	»	»

Blé, 251°,16 absorbés, produisant 219 hectolitres 76 litres valant 4,395f 20c

Avoine, 30°,42 absorbés, produisant 71 hectolitres 6 litres valant. 532 95

Paille, 39,300 kilogrammes valant. . . . . 1,179 »

Total du produit brut des céréales dans 21 ans 6,107 15

Produit brut moyen des céréales par année. . . 290 81

A reporter. 6,107 15

Report.		6,107f 15c
Luzerne, 366a,96, produisant 88,000 kilog. valant.	5,280 »	10,560 »
Trèfle, 174a,41, produist 27,900 kilog. valant.	1,674 »	
Sainfoin, 273a,78, produisant 32,800 kilog. valant.	1,968 »	
Vesces, 227a,94, produisant 27,300 kilog. valant.	1,638 »	
Total général des produits bruts de 21 ans		16,667 15
Produit brut moyen par année		793 67

La cause de cette différence dans les produits des mêmes récoltes autrement disposées n'est pas difficile à expliquer. Elle provient évidemment de ce qu'une plus grande fécondité étant laissée au sol dans le moment où le sainfoin en prend possession pour 4 ans, celui-ci donne un fourrage plus abondant, sa puissance de fertilisation devient plus étendue, et par suite toutes les récoltes qui lui succèdent acquièrent plus de développement.

Nous arrivons enfin à l'assolement rationnel fumé à 80 voitures.

Ici la culture du blé devient en quelque sorte une nécessité chaque fois que le cours de l'assolement appelle une récolte de céréales; à peine y a-t-il un avantage bien apparent à substituer une avoine au blé de la 15e année. Ce n'est pas qu'on ne pût, si on le voulait, cultiver aussi de l'orge ou de l'avoine et en obtenir de magnifiques produits; mais ce serait sacrifier bénévolement des récoltes de blé d'un grand prix à d'autres récoltes d'une valeur bien moindre, car une pleine récolte de blé vaudra toujours beaucoup plus qu'une pleine récolte d'orge ou d'avoine.

Cherchons d'abord quels sont les produits de l'assolement fumé à 80 voitures lorsqu'on en exige 7 récoltes de blé, puis lorsqu'on en exige 6 récoltes seulement, et, enfin, quels sont les produits les plus élevés qu'il serait capable d'atteindre en lui associant les doubles récoltes de vesces.

XXVIIe TABLEAU.

Assolement rationnel fumé à 80 voitures, donnant 7 récoltes de blé.

ANNÉES.	RÉCOLTES.	FÉCONDITÉ ajoutée.	FÉCONDITÉ absorbée.	FÉCONDITÉ totale.	FÉCONDITÉ disponible.
	Fécondité actuelle. . .	»	»	21°,74	21°,74
1.	Luzerne semée seule et fumée à 80 voitures. . . .	99°,55	»	121, 29	121, 29
2, 3, 4, 5.	Luzerne fauchée	78, 20	»	199, 49	121, 29
6.	Blé	»	48°,52	150, 97	92, 32
7.	Vesces fauchées en fleur. .	17, 66	»	168, 63	129, 53
8.	Blé	»	51, 81	116, 82	97, 27
9.	Trèfle.	18, 65	»	135, 47	135, 47
10.	Blé	»	54, 19	81, 28	81, 28
11.	Sainf. semé seul, sans fum.	15, 46	»	96, 74	96, 74
12, 13, 14.	Sainfoin fauché.	46, 38	»	143, 12	96, 74
15.	Blé	»	38, 70	104, 42	73, 70
16.	Vesces fauchées en fleur. .	13, 94	»	118, 36	102, 90
17.	Blé	»	41, 16	77, 20	77, 20
18.	Trèfle.	14, 64	»	91, 84	91, 84
19.	Blé	»	36, 74	55, 10	55, 10
20.	Vesces fauchées en fleur. .	10, 22	»	65, 32	65, 32
21.	Blé	»	26, 13	39, 19	39, 19
	BONIFICATION DU SOL.	17, 45	»	»	»

Blé, 297°,25 absorbés, produisant 260 hectolitres 9 litres valant.	5,201[f] 80[c]
Paille, 40,500 kilog. valant.	1,215 »
Total du produit brut des céréales dans 21 ans	6,416 80
Produit brut moyen des céréales par année. . .	305 56

A reporter. 6,416 80

		Report.	6,416f 80c
Luzerne, 406°,96, produisant 97,600 kilog. valant.	5,856	»	10,872 »
Trèfle, 174°,47, produist 27,900 kilog. valant	1,674	»	
Sainfoin, 243°,84, produisant 29,200 kilog. valant	1,752	»	
Vesces, 221°,12, produist 26,500 kilog. valant	1,590	»	
Total général des produits bruts de 21 ans			17,288 80
Produit brut moyen par année.			823 27

XXVIIIe TABLEAU.

Assolement rationnel fumé à 80 voitures, donnant 6 récoltes de blé, et une récolte d'avoine dans la 15e année.

		FÉCONDITÉ			
		ajoutée.	absorbée.	totale.	disponible.
	Fécondité actuelle. . .	»	»	21°,74	21°,74
ANNÉES.	RÉCOLTES.				
1.	Luzerne semée seule et fumée à 80 voitures	99°,55	»	121, 29	121, 29
2, 3, 4, 5.	Luzerne fauchée	78, 20	»	199, 49	121, 29
6.	Blé	»	48°,52	150, 97	92, 32
7.	Vesces fauchées en fleur. .	17, 66	»	168, 63	129, 53
8.	Blé	»	51, 81	116, 82	97, 27
9.	Trèfle.	18, 65	»	135, 47	135, 47
10.	Blé	»	54, 19	81, 28	81, 28
11.	Sainf. semé seul, sans fum.	15, 46	»	96, 74	96, 74
12, 13, 14.	Sainfoin fauché.	46, 38	»	143, 12	96, 74
15.	Avoine	»	24, 19	118, 93	88, 01
16.	Vesces fauchées en fleur. .	16, 80	»	135, 73	120, 27
17.	Blé	»	48, 11	87, 62	87, 62
18.	Trèfle	16, 72	»	104, 34	104, 34
19.	Blé	»	41, 74	62, 60	62, 60
20.	Vesces fauchées en fleur. .	11, 72	»	74, 32	74, 32
21.	Blé	»	29, 73	44, 59	44, 59
	BONIFICATION DU SOL.	22, 85	»	»	»

Blé, 274°,10 absorbés, produisant 239 hectolitres 84 litres valant. . . . . 4,796^f 80^c

Avoine, 24°,19 absorbés, produisant 56 hectolitres 51 litres valant 428 82

Paille, 41,400 kilogrammes valant. . . . . . . 1,242 »

Total du produit brut des céréales dans 21 ans 6,467 62

Produit brut moyen des céréales par année. . . 307 98

A reporter. 6,467 62

Report.		6,467f 62c
Luzerne, 406a,96, produisant 97,600 kilog. valant.	5,856 »	11,124 »
Trèfle, 184a,89, produist 29,500 kilog. valant.	1,770 »	
Sainfoin, 243a,84, produisant 29,200 kilog. valant.	1,752 »	
Vesces, 242a,93, produisant 29,100 kilog. valant.	1,746 »	
Total général des produits bruts de 21 ans		17,591 62
Produit brut moyen par année.		837 69

Le remplacement d'une récolte de blé par une récolte d'avoine dans l'assolement rationnel fumé à 80 voitures ne présente, comme on le voit, qu'un avantage peu sensible, du moins lorsque c'est sur le blé de la 15e année que le remplacement est exécuté. Mais l'avantage devient beaucoup plus remarquable si, mettant à profit l'enseignement qui vient d'être donné par les tableaux de l'assolement fumé à 70 voitures, on opère la substitution sur le blé de la 10e année au lieu de l'effectuer sur celui de la 15e année : alors la moyenne du produit brut de l'hectare ne s'accroît plus seulement d'une valeur annuelle de 14 fr., mais d'une valeur d'environ 50 fr. par an, ainsi que le montre le tableau suivant :

XXIXe TABLEAU.

Assolement rationnel fumé à 80 voitures, donnant 6 récoltes de blé, et une récolte d'avoine dans la 10e année.

		FÉCONDITÉ			
		ajoutée.	absorbée.	totale.	disponible.
	Fécondité actuelle. . .	»	»	21°,74	21°,74
ANNÉES.	RÉCOLTES.				
1.	Luzerne semée *seule* et fumée à 80 voitures	99°,55	»	121, 29	121, 29
2, 3, 4, 5.	Luzerne fauchée	78, 20	»	199, 49	121, 29
6.	Blé	»	48°,52	150, 97	92, 32
7.	Vesces fauchées en fleur. .	17, 66	»	168, 63	129, 53
8.	Blé	»	51, 81	116, 82	97, 27
9.	Trèfle.	18, 65	»	135, 47	135, 47
10.	Avoine	»	33, 87	101, 60	101, 60
11.	Sainf. semé *seul*, sans fum.	19, 52	»	121, 12	121, 12
12, 13, 14.	Sainfoin fauché.	58, 56	»	179, 68	121, 12
15.	Blé	»	48, 45	131, 23	92, 19
16.	Vesces fauchées en fleur. .	17, 64	»	148, 87	129, 35
17.	Blé	»	51, 74	97, 13	97, 13
18.	Trèfle.	18, 64	»	115, 77	115, 77
19.	Blé	»	46, 31	69, 46	69, 46
20.	Vesces fauchées en fleur. .	13, 09	»	82, 55	82, 55
21.	Blé	»	33, 02	49, 53	49, 53
	BONIFICATION DU SOL.	27, 79	»	»	»

Blé, 279°,85 absorbés, produisant 244 hectolitres 87 litres valant. 4,897f 40c

Avoine, 33°,87 absorbés, produisant 79 hectolitres 12 litres valant. 593 40

Paille, 43,800 kilogrammes valant. . . . . . . 1,314 »

Total du produit brut des céréales dans 21 ans 6,804 80

Produit brut des céréales par année. 324 03

A reporter. 6,804 80

		Report. . . .	6,804f 80c
Luzerne, 406a,98, produisant 97,600 kilog. valant.	5,856	»	11,736 »
Trèfle, 194a,40, produist 31,100 kilog. valant	1,866	»	
Sainfoin, 304a,80, produisant 36,500 kilog. valant.	2,190	»	
Vesces, 253a,97, produisant 30,400 kilog. valant.	1,824	»	
Total général des produits bruts de 21 ans			18,540 80
Produit brut moyen par année.			882 89

Cherchons maintenant ce que produirait l'assolement fumé à 80 voitures si l'on associait les doubles récoltes de vesces soit à la formule qui donne 7 récoltes de blé, soit à celle qui en donne 6 seulement avec une récolte d'avoine la 10e année. On va voir que ce produit serait considérable, et que le sol lui-même y gagnerait un grand surcroît de fertilité.

XXXe TABLEAU.

Assolement rationnel fumé à 80 voitures, donnant 7 récoltes de blé avec des doubles récoltes de vesces.

ANNÉES.	RÉCOLTES.	FÉCONDITÉ ajoutée.	FÉCONDITÉ absorbée.	FÉCONDITÉ totale.	FÉCONDITÉ disponible.
	Fécondité actuelle. . .	»	»	21°,74	21°,74
1.	Luzerne semée *seule* et fumée à 80 voitures	99°,55	»	121, 29	121, 29
2, 3, 4, 5.	Luzerne fauchée	78, 20	»	199, 49	121, 29
6.	Blé	»	48°,52	150, 97	92, 32
7.	Vesces d'hiver, puis d'été, fauchées en fleur.	35, 32	»	186, 29	147, 19
8.	Blé	»	58, 88	127, 41	107, 86
9.	Trèfle.	20, 77	»	148, 18	148, 18
10.	Blé	»	59, 27	88, 91	88, 91
11.	Sainf. semé *seul*, sans fum.	16, 98	»	105, 89	105, 89
12, 13, 14.	Sainfoin fauché.	50, 94	»	156, 83	105, 89
15.	Blé	»	42, 36	114, 47	80, 51
16.	Vesces d'hiver, puis d'été, fauchées en fleur.	30, 60	»	145, 07	128, 09
17.	Blé	»	51, 24	93, 83	93, 83
18.	Trèfle.	17, 97	»	111, 80	111, 80
19.	Blé	»	44, 72	67, 08	67, 08
20.	Vesces d'hiver, puis d'été, fauchées en fleur.	25, 23	»	92, 31	92, 31
21.	Blé	»	36, 92	55, 39	55, 39
	BONIFICATION DU SOL.	33, 65	»	»	»

Blé, 341°,91 absorbés, produisant 299 hectolitres 17 litres valant.	5,983f 40c
Paille, 46,600 kilogrammes valant	1,398 »
Total du produit brut des céréales dans 21 ans	7,381 40
Produit brut moyen des céréales par année. .	351 49
A reporter.	7,381 40

	Report.	7,381f 40c
Luzerne, 406a,96, produisant 97,600 kilog. valant.	5,856 »	
Trèfle, 201a,69, produist 32,200 kilog. valant	1,932 »	
Sainfoin, 266a,73, produisant 32,000 kilog. valant.	1,920 »	13,158 »
Vesces, 479a,82, produisant 57,500 kilog. valant.	3,450 »	
Total général des produits bruts de 21 ans		20,539 40
Produit brut moyen par année.		978 06

XXXIe TABLEAU.

Assolement rationnel fumé à 80 voitures, ne donnant que 6 récoltes de blé avec des doubles récoltes de vesces.

ANNÉES.	RÉCOLTES.	FÉCONDITÉ ajoutée.	FÉCONDITÉ absorbée.	FÉCONDITÉ totale.	FÉCONDITÉ disponible.
	Fécondité actuelle. . .	»	»	21°,74	21°,74
1.	Luzerne semée *seule* et fumée à 80 voitures	99°,55	»	121, 29	121, 29
2, 3, 4, 5.	Luzerne fauchée	78, 20	»	199, 49	121, 29
6.	Blé.	»	48°,52	150, 97	92, 32
7.	Vesces d'hiver, puis d'été, fauchées en fleur.	35, 32	»	186, 29	147, 19
8.	Blé	»	58, 88	127, 41	107, 86
9.	Trèfle.	20, 77	»	148, 18	148, 18
10.	Avoine	»	37, 04	111, 14	111, 14
11.	Sainf. semé *seul*, sans fum.	21, 43	»	132, 57	132, 57
12, 13, 14.	Sainfoin fauché.	64, 29	»	196, 86	132, 57
15.	Blé	»	53, 03	143, 83	100, 97
16.	Vesces d'hiver, puis d'été, fauchées en fleur.	38, 78	»	182, 61	161, 18
17.	Blé	»	60, (1)	122, 61	122, 61
18.	Trèfle.	23, 72	»	146, 33	146, 33
19.	Blé	»	58, 53	87, 80	87, 80
20.	Vesces d'hiver, puis d'été, fauchées en fleur.	33, 52	»	121, 32	121, 32
21.	Blé	»	48, 53	72, 79	72, 79
	BONIFICATION DU SOL.	51, 05	»	»	»

Blé, 327°,49 absorbés, produisant 286 hectolitres 55 litres valant.	5,731f »c
Avoine, 37°,04 absorbés, produisant 86 hectolitres 52 litres valant.	648 90
Paille, 50,900 kilogrammes valant.	1,527 »
Total du produit brut des céréales dans 21 ans	7,906 90
Produit brut moyen des céréales par année. .	376 50
A reporter.	7,906 90

(1) Si je ne porte ici que 60 degrés absorbés par le blé, au lieu de 64°47 que le calcul indiquerait, c'est parce que 60 degrés sont le maximum de ce que le blé peut absorber pour donner la récolte la plus complète possible, comme on le verra plus tard.

		Report. 7,906f 90c
Luzerne, 406a,96, produisant 97,600 kilog. valant.	5,856 »	14,508 »
Trèfle, 230a,47, produist 36,800 kilog. valant.	2,208 »	
Sainfoin, 333a,42, produisant 40,000 kilog. valant.	2,400 »	
Vesces, 562a,18, produisant 67,400 kilog. valant.	4,044 »	
Total général des produits bruts de 21 ans		22,414 90
Produit brut moyen par année.		1,067 37

Tels sont les riches produits qu'il est permis d'espérer de l'assolement rationnel fumé à 80 voitures, mais qu'il n'est certainement pas impossible de dépasser encore en employant de plus fortes doses d'engrais.

En agriculture, comme dans tous les arts et toutes les industries de l'homme, il existe un idéal de perfection auquel doivent aspirer tous ceux qui exercent cette noble profession. Pour eux, la perfection de l'art serait d'atteindre toujours le maximum possible de la production, ou, en d'autres termes, d'obtenir toutes les récoltes de l'assolement aussi pleines, aussi entières, aussi complètes qu'il est possible à la nature de les émettre sur un espace donné. C'est à ce but suprême que nous tenterons bientôt d'arriver, en cherchant à déterminer d'abord jusqu'où s'étend la possibilité de la production, puis en calculant quelle est la puissance de fécondité dont le sol a besoin pour y subvenir, en dirigeant enfin rationnellement cette puissance selon sa nature propre, comme nous l'avons toujours fait, ou en réglant son action de manière à la rendre durable et pleinement efficace. Cette étude presque neuve, ou tout au moins peu rebattue, sera le complément naturel et comme le couronnement de celles auxquelles nous nous sommes livré jusqu'à présent, et j'ose espérer qu'elle offrira quelque attrait aux agriculteurs, autant par l'imprévu des résultats que par l'utilité des règles de pratique qui en découleront.

La matière est loin d'être épuisée. Jusqu'ici nous n'avons opéré qu'avec des quantités de fumier inférieures de moitié à celles qui sont consommées dans les établissements ruraux les moins prodigues d'engrais ; il faut bien que l'on sache aussi tout ce qu'il est possible d'obtenir de produits par la méthode rationnelle, en employant autant de fumier qu'on en use dans les cultures ordinaires. Tout le monde comprendra le vif intérêt qui s'attache à ces recherches.

En attendant, et pour terminer cette deuxième partie, je vais grouper les produits en argent des diverses récoltes de l'assolement rationnel obtenues sur un hectare de 21°,74 de fertilité et fumé à 20, à 40, à 60, à 70 et à 80 voitures, afin qu'on puisse les embrasser tous d'un même coup d'œil ; et, pour rendre la comparaison plus complète et plus instructive, je mettrai en regard ceux de l'assolement triennal sur un hectare de même fertilité, qui reçoit tous les trois ans 20 voitures de fumier ou 140 voitures dans 21 ans. Ce rapprochement sera fait dans deux récapitulations distinctes : la première contiendra les produits qui sont donnés par les cinq catégories de l'assolement, quand on exige que toutes ses récoltes de céréales soient des récoltes de blé ; la seconde réunira les produits des meilleures formules de ces cinq catégories, sans choisir toutefois les combinaisons dans lesquelles se trouvent des doubles récoltes de vesces.

Ire RÉCAPITULATION.

RÉCOLTES.	PRODUITS DE 21 ANS de l'assolement rationnel fumé à 20 voitures. — 7 blés.	40 voitures. — 7 blés.	60 voitures. — 7 blés.	70 voitures. — 7 blés.	80 voitures. — 7 blés.	de l'assolement triennal fumé à 140 voitures. — 7 blés.
Blé.	1,995	3,064	4,132	4,666	5,201	2,366
Orge	»	»	»	»	»	886
Paille.	465	714	966	1,092	1,215	777
TOTAL. .	2,460	3,778	5,098	5,758	6,416	4,029
Luzerne . . .	2,400	3,562	4,704	5,280	5,856	»
Trèfle.	636	984	1,326	1,500	1,674	»
Sainfoin . . .	678	1,038	1,398	1,572	1,752	»
Vesces	606	936	1,260	1,422	1,590	»
TOTAL Gal. .	6,780	10,298	13,786	15,532	17,288	4,029
Prod. moyen par an. . .	322	490	656	739	823	191
Gain de fertilité.	(1)	0°,59	9°,02	13°,23	17°,45	»

(1) On a vu à la page 61, 8e tableau, que par l'emploi de cette formule le sol perdrait 7°,84, ou le tiers de sa fertilité propre, parce que, ne recevant que 20 voitures de fumier pour 21 ans, il était beaucoup trop faible pour qu'on pût exiger que toutes les récoltes en céréales de l'assolement fussent des récoltes de blé.

IIe RÉCAPITULATION.

RÉCOLTES.	PRODUITS DE 21 ANS de l'assolement rationnel fumé à 20 voitures. — 2 blés.	40 voitures. — 3 blés.	60 voitures. — 4 blés.	70 voitures. — 4 blés.	80 voitures. — 6 blés.	de l'assolement triennal fumé à 140 voitures. — 7 blés.
Blé.	954	2,047	3,182	3,553	4,897	2,366
Orge	596	395	»	»	»	886
Avoine. . . .	794	1,200	1,425	1,593	593	»
Paille.	606	927	1,155	1,290	1,314	777
TOTAL. .	2,950	4,569	5,762	6,436	6,804	4,029
Luzerne . . .	2,400	3,552	4,704	5,280	5,856	»
Trèfle.	1,146	1,584	1,782	1,980	1,866	»
Sainfoin . . .	1,128	1,716	1,950	2,172	2,190	»
Vesces	1,068	1,536	1,842	2,064	1,824	»
TOTAL Gal. .	8,692	12,957	16,040	17,932	18,540	4,029
Prod. moyen par an. . .	413	617	763	853	882	191
Gain de fertilité.	12°,21	21°,89	28°,10	34°,11	27°,79	0°,00

Il reste à faire une troisième et dernière récapitulation, opération plus longue que difficile et dont je me bornerai à présenter ici les résultats : c'est celle des bénéfices qui ont été recueillis dans chacune des cinq catégories de l'assolement durant la transformation *progressive* de la culture triennale en culture rationnelle, lesquels bénéfices se composent de l'excédant du revenu brut de la nouvelle culture sur celui de la culture ancienne. Cette récapitulation constate que, dans le laps des 15 années qui s'écoulent pendant que la transformation s'accomplit, le domaine que nous avons supposé d'une contenance de 84 hectares donne un excédant total de revenu brut s'élevant à 285,890 fr. ; ce qui fait, en moyenne, un excédant de revenu annuel de 19,065 fr., ou pour chaque hectare un surcroît moyen de produit brut en valeur de 226 fr. par an.

Ce bénéfice moyen de 226 fr. par hectare et par année, recueilli pendant la transformation *par progression* de la culture triennale en culture rationnelle, semble, au premier abord, inférieur à celui qui est obtenu dans le cours de la transformation *par emprunt*, et qui s'élève à 281 fr. par an pour chaque hectare, ainsi qu'on l'a vu à la page 57. Mais cette infériorité apparente n'est rien moins que réelle : car, dans la transformation *par emprunt*, la récapitulation des profits embrasse une période de 18 années, tandis qu'elle ne comprend qu'une durée de 15 ans dans la transformation *par progression*. En faisant porter sur 3 années de plus la récapitulation des profits de celle-ci, on arrive à un surcroît moyen de produits bruts en valeur de 850 fr. par hectare et par année. Ce chiffre est prodigieux sans doute ; mais il n'a rien d'incroyable lorsqu'on réfléchit que, durant ces trois nouvelles années, les 84 hectares du domaine fonctionnent tous en plein cours d'assolement rationnel, que 21 d'entre eux ont été fumés à 80 voitures, 18 à 70 voitures, 15 à 60 voitures, et que les 30 autres, quoique peu fumés, donnent alors leurs plus fortes récoltes, par suite de l'amélioration que le sol a déjà ressentie de la culture rationnelle.

Ce qu'il faut induire de là, c'est qu'il n'y a pas à hésiter sur la préférence à donner au mode de transformation *par progression*. Et, alors même que ce mode n'offrirait pas plus de profits pécunaires que l'autre, il devrait encore lui être préféré, parce qu'il conduit plus rapidement à une transmutation complète de culture, et qu'il laisse pendant six ans tout le fumier annuellement fabriqué dans le domaine à la libre disposition de celui qui le cultive, pour en faire l'emploi qui sera indiqué dans la troisième partie.

TROISIÈME PARTIE.

Conditions de fécondité nécessaires pour obtenir pleines et complètes toutes les récoltes de l'assolement rationnel. — Résultat extraordinaire. — Résumé.

L'homme ne vit que des productions de la terre. Il ne produit rien lui-même, il apprête seulement le travail qu'elle exécute en quelque sorte sous sa direction. Livrée à elle seule, la terre donne ses produits épars, disséminés, sauvages ; c'est l'homme qui la force à les faire naître agglomérés sur des espaces rétrécis, où ils croissent dans la mesure de la fécondité qu'ils y trouvent ; c'est lui encore qui l'oblige, par les soins de la culture et par le choix des semences, à modifier leurs types primordiaux en variétés mieux appropriées à ses besoins. Cependant l'homme peut aussi accroître la puissance de production du sol et l'élever à un degré pour ainsi dire indéfini. Mais quand les produits, quels qu'ils soient, grâce à une fécondité suffisante, ont atteint tout le déploiement que comporte leur nature pour l'espace qu'ils occupent, il n'y a plus rien à attendre au-delà, ni du pouvoir de l'homme, ni de celui de la terre ; le maximum de la production est obtenu ; il ne saurait être dépassé, à quelque degré surabondant que la fécondité soit accumulée dans le sol.

C'est à ce maximum de production possible que l'agriculteur doit s'efforcer de parvenir, car c'est la perfection, le beau idéal de son art ; et c'est à le guider vers ce but que cette troisième et dernière partie sera consacrée.

Quelles sont les plus fortes récoltes qu'il soit possible d'obtenir en céréales ou en fourrages, et particulièrement en blé ou en luzerne, sur un hectare de terrain ? De combien de degrés de fécondité le sol a-t-il besoin d'être doué pour se trouver en état de les produire ? L'examen de ces deux propositions fondamentales devra nous conduire à la solution du problème.

Il n'est pas très-facile de déterminer avec une précision rigoureuse quel est le maximum possible d'une récolte de céréales ou d'une récolte de légumineuses à fourrage. Ce n'est que par l'observation des faits, seul moyen rationnel de vérification en cette matière, que l'on peut arriver à une appréciation très-rapprochée du vrai absolu et très-suffisante pour les besoins de la pratique. En effet, ce maximum possible est subordonné à des influences climatériques, météorologiques et solaires, qui peuvent jusqu'à un certain point le modifier, mais beaucoup moins que ne l'ont prétendu quelques agronomes. On ne croira point, par exemple, que les bonnes terres de la Californie donnent, comme on l'a avancé, des récoltes de blé de 220 hectolitres par hectare : il faudrait que dans cette contrée les épis fussent quatre fois plus nombreux, ou quatre fois plus longs, ou quatre fois plus fournis de grains que ceux des plus abondantes récoltes de nos pays, ce qui est tout-à-fait invraisemblable : ce sont des contes de voyageurs.

Dans notre climat de France, les plus belles récoltes de blé qui soient citées s'élèvent au chiffre considérable de 72 hectolitres par hectare; encore avoue-t-on qu'elles n'ont été obtenues qu'à l'aide de soins minutieux et de procédés de jardinage qui ne sont point admissibles dans la grande culture. Il résulte d'un très-grand nombre d'observations qui m'ont été communiquées à ce sujet, ainsi que de toutes celles que j'ai pu faire personnellement, que les plus fortes récoltes de blé obtenues sur des terres depuis longtemps très-abondamment fumées et parfaitement cultivées n'ont jamais dépassé 54 hectolitres et demi, ou 52 hectolitres 50 litres, semence déduite, comme nous le faisons toujours dans nos évaluations euphorimétriques. C'est une chose ravissante à voir qu'une récolte pareille au moment où les tiges viennent d'atteindre tout leur développement. Nous adopterons donc ce maximum de 52 hectolitres 50 litres par hectare comme le produit en blé le plus élevé que le sol ait la possibilité de faire naître.

Mais quelle est la dose de fécondité rigoureusement nécessaire dans le sol pour donner ce produit maximum de 52 hectolitres 50 litres de blé par hectare ? C'est ce qu'il est utile de connaître et facile de déterminer.

En effet, nous savons que chaque degré de fécondité contenu dans le sol fait produire 35 litres de blé. En divisant 52 hectolitres 50 litres par 0^h,35 litres, on trouve que 150 est le nombre de degrés de fécondité indispensable pour donner le produit maximum de 52 hectolitres 50 litres de blé par hectare. Et, comme la récolte de blé emporte les 2/5 ou 40 pour 100 de la fécondité du sol qui sert à la produire, il en résulte que les 52 hectolitres 50 litres de blé produits, qui absorbent 40 pour 100 des 150 degrés contenus dans le sol, en emportent 60 degrés, ou, en d'autres termes, l'épuisent de 60 degrés. Voilà le maximum d'épuisement correspondant au maximum de produit en blé, qui est la plus épuisante des céréales.

Maintenant que nous connaissons le plus fort rendement possible du blé, rien n'est plus aisé que de déterminer le plus fort rendement possible des autres céréales. En effet, si le blé, qui emporte 40 pour 100 de la fécondité nécessaire pour le produire, absorbe 60 degrés lorsqu'il donne son produit le plus élevé, combien le seigle, qui n'emporte que 30 pour 100, en absorbe-t-il lorsqu'il donne aussi son plus fort produit? Ou $40 : 60 :: 30 : x$; d'où $x = 45$. Le maximum de fécondité absorbé par la plus forte récolte possible de seigle est donc de 45 degrés. Or, nous avons établi que chaque degré de fécondité absorbé par une récolte de seigle produisait 1 hectolitre 167 décilitres; en multipliant 1 hectolitre 167 décilitres, produit d'un seul degré absorbé, par 45, qui est le nombre le plus élevé de degrés que puisse absorber une récolte de seigle, on trouvera que le plus fort rendement possible du seigle sera aussi de 52 hectolitres 50 litres par hectare.

Pour l'orge et l'avoine, qui ne prennent que 25 pour 100 de la fécondité disponible du sol quand le blé en enlève 40 pour 100, nous dirons : Si le blé, qui emporte 40 pour 100 de la fécondité du sol, l'épuise de 60 degrés par sa plus forte récolte possible, de combien l'orge ou l'avoine, qui n'emportent que 25 pour 100, l'épuisent-ils par leurs plus fortes récoltes possibles? Ou 40 : 60 :: 25 : x; d'où $x = 37°,50$. Nous trouvons donc que ces récoltes, les plus élevées possible, absorberont 37°,50. Or, nous avons démontré que chaque degré de fécondité absorbé par une récolte d'orge produisait 1 hectolitre 664 décilitres par hectare, et que chaque degré absorbé par une récolte d'avoine produisait 2 hectolitres 336 décilitres; en multipliant ces nombres par 37°,50, on trouve que le plus fort rendement possible de l'orge est de 62 hectolitres 40 litres par hectare, et que celui de l'avoine est de 87 hectolitres 60 litres.

Ainsi, nous admettrons théoriquement qu'un minimum de 150 degrés de fécondité dans le sol est indispensable pour donner les plus hauts produits possibles en céréales. Si cependant le sol en contenait davantage, les récoltes de céréales ne pouvant rien absorber au-delà de ce qui est nécessaire à la formation de leurs produits les plus élevés, c'est-à-dire ne pouvant prendre plus de 60 degrés pour le blé, 45 degrés pour le seigle, et 37°,50 pour l'orge et pour l'avoine, tout ce qui n'est pas employé à la création de ces produits les plus élevés demeure en réserve dans le sol pour concourir au développement des récoltes suivantes.

Puisque 150 degrés de fécondité au moins sont nécessaires à la production des plus abondantes récoltes possibles en céréales, il est évident que, pour élever à cette haute fécondité un sol habitué à une modique fumure triennale de 20 voitures par hectare, et qui ne possède par conséquent qu'une fertilité propre de 21°,74, il faudra lui allouer 130 voitures de fumier par hectare, ce qui portera sa fécondité à 151°,74. Mais comme on ne pourrait pas, avec une fumure aussi opulente, lui confier un blé qui verserait inévitablement, on est bien forcé de recourir à l'assolement rationnel et de semer d'abord une luzerne, après laquelle le versement du blé ne sera plus à craindre.

Cependant, notre but étant d'arriver à ce que toutes les

récoltes donnent le maximum de leurs produits, aussi bien les fourrages que les céréales, aussi bien la luzerne que le blé, il reste à savoir si les 151°,74 de fécondité dont le sol se trouve pourvu par l'allocation de 130 voitures de fumier seront suffisants pour mettre la luzerne en état de fournir aussi son produit le plus élevé ; ce qui nous conduit à rechercher quelle est la plus grande production possible des légumineuses à fourrage, quelle est la dose de fécondité qu'elles exigent pour donner ce maximum de produits, et par suite quelle est la plus forte addition de fécondité qu'elles peuvent elles-mêmes apporter au sol.

Ici nous éprouverons moins de difficulté, car il y a plus de concordance dans les faits recueillis : on est assez généralement d'accord que le produit le plus élevé qu'on soit parvenu à obtenir d'un hectare de luzerne est de 36,000 kilogrammes de foin sec par année.

Or, nous avons posé en principe, d'après un grand nombre d'observations, que chaque degré contenu dans le sol fait produire annuellement à la luzerne 240 kilogrammes de foin sec par hectare. Pour savoir combien le produit maximum de 36,000 kilogrammes exige de degrés de fécondité dans le sol, il suffit de le diviser par 240, produit d'un seul degré, et le quotient 150 indique le nombre de degrés de fertilité que le sol doit renfermer au moins, pour que la luzerne puisse donner son produit le plus élevé. Ce chiffre de 150 degrés est remarquable en ce qu'il coïncide exactement avec celui qui a été reconnu également nécessaire aux plus abondants produits des céréales.

Ainsi, qu'il s'agisse de légumineuses à fourrage ou qu'il s'agisse de céréales, 150 degrés de fécondité dans le sol sont indispensables pour obtenir des unes et des autres les plus fortes récoltes qu'elles sont capables de produire. Ce résultat me semble devoir être admis comme une vérité mathématique et comme une règle d'application.

Cette règle une fois adoptée, il devient facile de déterminer quel peut être le plus fort produit du trèfle, du sainfoin et des vesces à fourrage. En effet, nous avons constaté, par une foule d'observations de faits, que chaque degré de fécondité dans le sol faisait produire au trèfle annuellement 160 kilogrammes de foin sec par hectare, au sainfoin et aux vesces 120 kilogrammes. Il suffira donc de multiplier 150 degrés par 160 et par 120 kilogrammes, qui sont le produit d'un seul degré, et on trouvera que le plus fort produit possible du trèfle est de 24,000 kilogrammes, et que celui du sainfoin et des vesces est de 18,000 kilogrammes de foin sec par hectare.

Il nous reste à connaître quelle sera la plus forte addition de fécondité que ces récoltes améliorantes pourront apporter au sol dans la plénitude de leur développement telle qu'elle vient d'être déterminée.

Tout le monde sait que plus les récoltes des légumineuses à fourrage sont abondantes, plus est grande l'amélioration qu'elles procurent. Or, l'abondance de ces récoltes étant subordonnée à la fécondité dont le sol se trouve déjà pourvu, il s'ensuit que l'amélioration produite est nécessairement proportionnée à la fécondité préexistante dans le sol. J'ai déterminé cette proportion en basant mes calculs sur un grand nombre d'observations comparées. J'ai constaté qu'une légumineuse à fourrage semée dans un sol de 9 degrés l'améliorait annuellement de 1 degré, et que cette amélioration augmentait d'un degré à mesure que la fertilité du sol s'élevait de 5 degrés ; qu'ainsi, à 14 degrés de fécondité du sol l'amélioration était de 2 degrés, à 24 degrés elle était de 4 degrés, à 100 degrés elle était de 19°,20, etc. A 150 degrés elle sera donc de 29°,20. Mais comme dans un sol de 150 degrés de fertilité la végétation de la légumineuse atteint tout le développement qu'elle est susceptible d'acquérir sans avoir la possibilité de s'agrandir davantage, il en résulte que, quelle que soit l'élévation de fécondité à laquelle le sol ait été porté au-delà de 150 degrés, le maximum de l'amélioration produite par la légumineuse ne saurait jamais dépasser 29°,20.

On s'est étonné quelquefois de ce qu'un sol qui avait 100

degrés de fertilité pouvait être amélioré de 19°,20 par une légumineuse à fourrage, tandis qu'un sol de 25 degrés était amélioré seulement de 4°,20. Il n'y a rien là qui doive surprendre. Il est certain, en effet, que les racines, les collets et autres débris des légumineuses à fourrage constituent, sinon le seul élément de la fécondité que celles-ci ajoutent au sol, au moins l'un des éléments principaux de cet accroisement de fécondité, et que leur volume et leur poids sont infiniment plus considérables quand ils proviennent de plantes vigoureuses que quand ils proviennent de plantes chétives. Or, ces débris divers, recueillis, séchés au soleil, ont été souvent pesés et même chimiquement analysés, et toujours leur masse et leur poids ont été trouvés en rapport direct avec la masse et le poids du fourrage récolté, et par conséquent en rapport direct avec la fécondité existante dans le sol qui l'avait produit. Autant vaudrait donc s'étonner de ce que 40 voitures de fumier ont plus de puissance de fertilisation que 20 voitures. Du reste, lorsque, par l'effet d'une suffisante fécondité du sol, les récoltes légumineuses de fourrage parviennent au développement le plus complet qu'elles soient capables d'atteindre, on conçoit que leurs racines et autres débris ne peuvent jamais dépasser en volume et en poids la limite que comporte cet entier développement, quelle que soit d'ailleurs l'extrême fécondité accumulée dans le sol, et qu'ainsi l'amélioration que ces récoltes lui apportent ne peut non plus jamais excéder le maximum de 29°,20 qui vient d'être déterminé.

Maintenant que nous savons quels sont les produits les plus élevés, soit en céréales, soit en fourrages légumineux, qu'on peut obtenir d'un hectare de terrain ; quelle est la dose indispensable de fécondité dont le sol a besoin d'être muni pour les faire naître, et, enfin, quel épuisement ou quelle amélioration les uns et les autres apportent dans le sol, il nous sera facile de dresser le compte euphorimétrique d'un hectare qui serait soumis à l'assolement rationnel dans les conditions exigées par la science pour fournir des récoltes toutes pleines et complètes, c'est-à-dire d'un hectare possédant au moins 150 degrés de fécondité disponible.

Prenons un hectare habitué à recevoir 20 voitures de fumier dans la culture triennale, et n'ayant dès lors que 21°,74 de fertilité propre. En lui donnant 130 voitures de fumier, sa fécondité se trouvera élevée à 151°,74, chiffre qui serait rigoureusement suffisant d'après les indications de la théorie. Mais on conçoit qu'en pareille matière il est bon de conserver quelque marge et de ne pas se renfermer dans les bornes du strict nécessaire, avec d'autant plus de raison qu'un excédant de fécondité, s'il est vrai qu'il ne puisse rien ajouter au maximum de rendement une fois atteint, ne saurait du moins jamais nuire, et qu'en tous cas il forme dans le sol une réserve utile, capable de parer à des éventualités que la science n'aurait pas prévues ou que des négligences de culture feraient surgir. Je pense donc qu'il est utile de donner à l'hectare, au début de l'assolement et pour toute sa durée de 21 ans, 140 voitures de fumier au lieu de 130 voitures seulement, ce qui portera sa fécondité à 161°,74. Ce nombre de 140 voitures est d'autant mieux indiqué, qu'il correspond exactement à ce que l'hectare consommait de fumier dans le cours de 21 ans, alors que, soumis à la culture triennale, son produit brut moyen n'était que de 191 fr. par année. Pour un hectare qui aurait reçu habituellement une fumure triennale de 30 voitures, et qui par conséquent aurait une fertilité propre de 31°,55, il suffirait de lui donner 130 voitures, ce qui fait 80 voitures de moins qu'il n'en consommait en 21 ans dans le système triennal, où son produit brut moyen était de 279 fr. par an.

On ne manquera pas d'objecter que l'accumulation dans le sol d'une si grande quantité de fumier à la fois fera verser les céréales, et que par suite leurs récoltes seront moindres que dans l'assolement triennal lui-même. La réponse à cette objection a déjà été faite, et il est à peine nécessaire de la répéter.

Sans doute, si le fumier était appliqué directement aux céréales ; si, par exemple, on répandait 130 ou 140 voitures de fumier frais ou même de fumier à demi consommé sur un hectare de terrain au moment où l'on y sème du blé , l'accident dont on parle arriverait certainement : car le blé est une plante très-épuisante, on pourrait dire très-gourmande, qui aspire avec une sorte de gloutonnerie la fécondité qui sert à la produire. Or, il y a dans le fumier frais non-seulement une dose considérable des éléments de cette fécondité , mais de plus un stimulant énergique, quelque chose de *condimentaire,* si je puis hasarder l'expression , qui stimule la céréale à se charger de plus de sucs nutritifs qu'elle n'en peut digérer ; la plante, gorgée d'aliments, éprouve alors ce qui arrive aux animaux ruminants météorisés : elle s'affaisse, et tombe frappée d'une espèce d'ivresse ou de narcotisme.

Mais ce phénomène n'est point à craindre lorsque le fumier a *jeté son feu,* comme on dit, sur une luzerne qu'il fait pousser plus vigoureuse et plus abondante ; lorsque ce stimulant, qui n'est peut-être qu'un excès de carbonate d'ammoniaque, s'est dissipé, ou, pour mieux dire, s'est incorporé dans le sol en y formant d'autres composés alibiles d'une moins grande solubilité ou d'une moins facile aspiration. Il n'y a pas un seul cultivateur qui ne sache que c'est le fumier frais surtout qui expose le blé au danger de verser. Mais, eût-il été prodigué au-delà de toute mesure, du moment que sa fougue s'est amortie sur une légumineuse antérieure au blé, celui-ci végète plein de force et de santé au milieu même de la surabondance de fécondité dans laquelle il plonge, qui cesse pour lui d'être indigeste, et où il ne puise que ce qui est nécessaire à son développement le plus complet.

Cependant, qu'arrive-t-il quand le sol possède une fécondité disponible bien supérieure à celle qui suffirait pour donner les produits les plus élevés, comme serait un sol de 400 degrés de fécondité, tel qu'on en rencontre quelquefois dans les défrichements de forêts ? Si un sol pareil , bien essarté, bien ameubli, est mis en luzerne, certainement il ne pourra pas produire plus de 36,000 kilogrammes de fourrage sec par année, ni s'enrichir annuellement de plus de 29°,20, parce qu'une fois arrivé à la dernière limite de production posée par la nature elle-même, il n'est pas possible qu'il la franchisse et qu'il donne, par exemple, 96,000 kilogrammes de foin par hectare et par année, comme il en doit donner et comme il en donne effectivement 9,600 kilogrammes quand sa fécondité est réduite à 40 degrés.

Si le même sol est semé en blé, à coup sûr celui-ci n'absorbera pas 40 pour 100 ou les 2/5 des 400 degrés de fertilité dont le sol est pourvu, ce qui ferait 160 degrés absorbés, produisant 140 hectolitres par hectare : non, le blé ne prendra, sur les 400 degrés existant dans le sol, que les 60 degrés nécessaires pour produire 52 hectolitres et demi par hectare, qui sont le maximum de la production possible en blé ; tout le surplus demeurera en réserve, et servira à donner aux produits ultérieurs l'entier développement qu'eux aussi sont susceptibles d'atteindre, jusqu'à ce que l'imprévoyance et l'abus si ordinaires en pareil cas aient graduellement dissipé et totalement fait disparaître du sol ce trésor que les siècles y avaient accumulé.

Revenons donc à l'assolement rationnel, que nous voulons établir sur un hectare de terrain dans des conditions qui lui permettent de donner toutes ses récoltes pleines et complètes, et présentons dans un tableau le compte euphorimétrique de ses produits.

XXXIIe TABLEAU.

Assolement rationnel fumé à 140 voitures, donnant toutes ses récoltes pleines et complètes.

		FÉCONDITÉ			
		ajoutée.	absorbée.	totale.	disponible.
	Fécondité actuelle. . .	»	»	21°,74	21°,74
ANNÉES.	RÉCOLTES.				
1.	Luzerne semée *seule* et fumée à 140 voitures. . . .	169°,20	»	190, 94	190, 94
2, 3, 4, 5.	Luzerne fauchée	116, 80	»	307, 74	190, 94
6.	Blé	»	60°,»	247, 74	160, 14
7.	Vesces fauchées en fleur. .	29, 20	»	276, 94	218, 54
8.	Blé	»	60, »	216, 94	187, 74
9.	Trèfle.	29, 20	»	246, 14	246, 14
10.	Avoine	»	60, »	186, 14	186, 14
11.	Sainf. semé seul, sans fum.	29, 20	»	215, 34	215, 34
12, 13, 14.	Sainfoin fauché.	87, 60	»	302, 94	215, 34
15.	Blé	»	60, »	242, 94	184, 54
16.	Vesces fauchées en fleur. .	29, 20	»	272, 14	242, 94
17.	Blé	»	60, »	212, 14	212, 14
18.	Trèfle.	29, 20	»	241, 34	241, 34
19.	Blé	»	60, »	181, 34	181, 34
20.	Vesces fauchées en fleur. .	29, 20	»	210, 54	210, 54
21.	Blé	»	60, »	150, 54	150, 54
	BONIFICATION DU SOL.	128, 80	»	»	»

Blé, 420° absorbés, produisant 367 hectolitres 50 litres valant. . . . . 7,350^f »^c
Paille, 57,300 kilogrammes valant. . . . . 1,719 »

Total du produit des céréales dans 21 ans 9,069 »

Produit brut moyen des céréales par année. . . 431 85

A reporter. . . . . 9,069 »

	Report.	9,069f »c
Luzerne, 600c, produist 144,000 kilog. valant.	8,640 »	18,000 »
Trèfle, 300c, produisant 48,000 kilog. valant.	2,880 »	
Sainfoin, 450c, produist 54,000 kilog. valant.	3,240 »	
Vesces, 450c, produisant 54,000 kilog. valant.	3,240 »	
Total général des produits bruts de 21 ans		2[illegible],069 »
Produit brut moyen par année		1,289 »

Tels sont les magnifiques produits que la science assigne à l'assolement rationnel, lorsqu'on lui alloue une quantité de fumier égale à celle que consomme l'assolement triennal le plus modiquement fumé et dont le produit brut moyen est annuellement en valeur de 191 fr. par hectare, sans accroissement de la fertilité du sol, qui demeure invariablement fixée à 21°,74. Ici, au contraire, après des récoltes qui toutes atteignent le maximum possible de la production, le sol reste amélioré de 128°,80 ; de telle sorte que 33 voitures de fumier par hectare suffiraient pour recommencer l'assolement rationnel dans les mêmes conditions et avec les mêmes avantages que la première fois.

Si on donne à l'assolement rationnel autant de fumier qu'on en use dans une bonne culture triennale, où l'hectare reçoit 30 voitures tous les trois ans et rend un produit brut moyen en valeur de 279 fr. par année, c'est-à-dire si on lui donne 210 voitures pour 21 ans, les produits ne seront pas supérieurs à ceux du tableau qui précède, puisqu'ils ne peuvent jamais dépasser le maximum déjà atteint; mais on arrive à une accumulation de fécondité telle, que l'assolement rationnel pourrait faire huit révolutions successives, et ainsi fonctionner pendant 168 ans, sans avoir besoin de recevoir une seule voiture de fumier et sans cesser néanmoins de fournir des récoltes toujours pleines.

Ces résultats, qui semblent tenir du prodige, seraient véritablement incroyables s'ils ne sortaient pas de calculs dont l'exactitude ne saurait être contestée. Mais quand on admet un principe comme vrai, on est bien obligé d'admettre toutes ses conséquences logiques, et surtout ses déductions mathématiques. Or, y a-t-il rien de plus vrai que le principe fondamental de ma théorie, tour-à-tour mesurant la puissance des lois de la végétation d'après l'étendue de leurs effets, et calculant l'étendue de leurs effets d'après l'intensité de leur puissance? Et n'est-on pas ainsi forcé de reconnaître pour vrais tous les résultats mathématiques qui dérivent de ces opérations?

La concession de 210 voitures de fumier à un hectare qui possède une fécondité de 21°,74 porte cette fécondité à 231°,74. A la fin de la première révolution de l'assolement rationnel, le sol reste muni de 220°,54; il conserve encore 209°,34 à la fin de la seconde révolution, 198°,14 à la fin de la troisième, 186°,94 à la fin de la quatrième, 175°,74 à la fin de la cinquième, 164°,54 à la fin de la sixième, 153°,34 à la fin de la septième, et 142°,14 à la fin de la huitième : d'où il suit qu'il ne perd que 11°,20 à chaque rotation entière de l'assolement. Il serait inutile et beaucoup trop long de figurer ici les tableaux de ces huit révolutions successives dont je viens d'indiquer les résultats euphorimétriques, et dont les produits sont d'ailleurs tous identiques. Il suffira de présenter celui de la première révolution et celui de la huitième, pour montrer les modifications peu sensibles qui s'opèrent dans l'état du sol durant un si long intervalle.

XXXIIIe TABLEAU.

1re révolution de l'assolement rationnel fumé à 210 voitures, donnant toutes ses récoltes pleines.

ANNÉES.	RÉCOLTES.	FÉCONDITÉ ajoutée.	absorbée.	totale.	disponible.
	Fécondité actuelle. . .	»	»	21°,74	21°,74
1.	Luzerne semée seule et fumée à 210 voitures. . . .	239°,20	»	260, 94	260, 94
2, 3, 4, 5.	Luzerne fauchée	116, 80	»	377, 74	260, 94
6.	Blé	»	60°,»	317, 74	230, 54
7.	Vesces fauchées en fleur. .	29, 20	»	346, 94	288, 14
8.	Blé	»	60, »	286, 94	257, 74
9.	Trèfle.	29, 20	»	316, 14	316, 14
10.	Blé	»	60, »	256, 14	256, 14
11.	Sainf. semé seul, sans fum.	29, 20	»	285, 34	285, 34
12, 13, 14.	Sainfoin fauché.	87, 60	»	372, 94	285, 34
15.	Blé	»	60, »	312, 94	254, 54
16.	Vesces fauchées en fleur. .	29, 20	»	342, 14	312, 94
17.	Blé	»	60, »	282, 14	282, 14
18.	Trèfle.	29, 20	»	311, 34	311, 34
19.	Blé	»	60, »	251, 34	251, 34
20.	Vesces fauchées en fleur. .	29, 20	»	280, 54	280, 54
21.	Blé	»	60, »	220, 54	220, 54
	BONIFICATION DU SOL.	198, 80	»	»	»

Blé, 420° absorbés, produisant 367 hectolitres 50 litres valant.	7,350f	»c
Paille, 57,300 kilogrammes valant	1,719	»
Total du produit brut des céréales dans 21 ans	9,069	»
Produit brut moyen des céréales par année. . .	431	85

A reporter.	9,069	»

	Report.		9,069f	»c
Luzerne, 600a, produist 144,000 kilog. valant	8,640	»		
Trèfle, 300a, produisant 48,000 kilog. valant	2,880	»	18,000	»
Sainfoin, 450a, produist 54,000 kilog. valant	3,240	»		
Vesces, 450a, produisant 54,000 kilog. valant	3,240	»		
Total général des produits bruts de 21 ans			27,069	»
Produit brut moyen par année.			1,289	»

XXXIVe TABLEAU.

8e révolution de l'assolement rationnel primitivement fumé à 210 voitures sans renouvellement de la fumure, et donnant toujours toutes ses récoltes pleines.

ANNÉES.	RÉCOLTES.	FÉCONDITÉ ajoutée.	absorbée.	totale.	disponible.
	Fécondité actuelle. . .	»	»	153°,34	153°,34
1.	Luzerne semée seule et sans fumier	29°,20	»	182, 54	182, 54
2, 3, 4, 5.	Luzerne fauchée	116, 80	»	299, 34	182, 54
6.	Avoine	»	60°,»	239, 34	151, 74
7.	Vesces fauchées en fleur. .	29, 20	»	268, 54	210, 14
8.	Blé	»	60, »	208, 54	179, 34
9.	Trèfle.	29, 20	»	237, 74	237, 74
10.	Blé	»	60, »	177, 74	177, 74
11.	Sainf. semé seul, sans fum.	29, 20	»	206, 94	206, 94
12, 13, 14.	Sainfoin fauché.	87, 60	»	294, 54	206, 94
15.	Blé	»	60, »	234, 54	176, 14
16.	Vesces fauchées en fleur. .	29, 20	»	263, 74	234, 54
17.	Blé	»	60, »	203, 74	203, 74
18.	Trèfle.	29, 20	»	232, 94	232, 94
19.	Blé	»	60, »	172, 94	172, 94
20.	Vesces fauchées en fleur. .	29, 20	»	202, 14	202, 14
21.	Blé	»	60, »	142, 14	142, 14
	DIMINUTION DE FÉCONDITÉ.	»	11,20	»	»

Blé, 420° absorbés, produisant 367 hectolitres 50 litres valant	7,350f	»c
Paille, 57,300 kilog. valant.	1,719	»
Total du produit brut des céréales dans 21 ans	9,069	»
Produit brut moyen des céréales par année. .	431	85
A reporter.	9,069	»

Report.		9,069f »c
Luzerne, 600°, produist 144,000 kilog. valant	8,640 »	
Trèfle, 300°, produisant 48,000 kilog. valant.	2,880 »	
Sainfoin, 450°, produist 54,000 kilog. valant	3,240 »	18,000 »
Vesces, 450°, produisant 54,000 kilog. valant	3,240 »	
Total général des produits bruts de 21 ans		27,069 »
Produit brut moyen par année.		1,289 »

On voit avec quelle lenteur la fécondité du sol diminue sous l'influence de l'assolement rationnel, lorsque, comme ici, elle a été portée à un degré très-élevé. En effet, au moment où l'hectare venait de recevoir 210 voitures de fumier, il s'est trouvé en possession d'une fécondité de 231°,74 ; et, après huit révolutions successives de l'assolement, ou un laps de 168 ans, sa fertilité est encore de 142°,14, sans qu'il ait eu besoin de recevoir dans ce long intervalle une seule voiture de fumier, et sans qu'il ait discontinué de donner toutes ses récoltes pleines. Sa fécondité n'a donc subi en tout qu'une déperdition de 89°,60 ; de sorte qu'en lui accordant 90 voitures de fumier seulement au lieu de 210, il se retrouverait doté de 232°,14, et par conséquent en état de recommencer dans les mêmes conditions et avec les mêmes avantages un nouveau cycle de 168 années.

Cependant, que se passe-t-il durant cette longue période de 168 ans? 56 pleines récoltes de blé sont obtenues ; elles absorbent 3,360 degrés de fécondité, qui produisent 2,940 hectolitres. Et, comme la fécondité totale, qui était de 231°,74, ne diminue que de 89°,60, il faut bien que les 3,270°,40, qui complètent les 3,360 degrés consommés par la production du blé, soient une création des récoltes améliorantes de l'assolement rationnel et une suite de l'action ampliative qu'elles exercent sur la puissance fécondante du fumier.

Ce splendide résultat, entièrement dû à l'heureuse disposition des récoltes qui constituent l'assolement rationnel, est véritablement miraculeux : c'est la création en quelque sorte artificielle d'une force de végétation que l'on peut comparer à celle qui serait produite par 3,270 voitures normales de fumier, comme on compare dans l'industrie la force motrice obtenue par la vapeur à la force naturelle des chevaux.

On dira tant qu'on voudra que je fais ici une œuvre de pure théorie. Oui; mais c'est une théorie qui n'a absolument rien de fantastique, qui repose au contraire sur ce qu'il y a de plus positif au monde, sur les lois naturelles de la végétation, dont elle a pour unique objet de réglementer l'application ; c'est une théorie qui n'invente pas des forces productives imaginaires, mais qui utilise pour le plus grand bien de l'humanité celles que Dieu a données à la terre, en les dirigeant selon les lois immuables auxquelles lui-même les a assujetties ; c'est une théorie, enfin, qui fait de l'agriculture une science véritable, en l'arrachant à une routine entièrement aveugle, en substituant des principes sûrs, des règles mathématiques à des recettes douteuses, à des pratiques de hasard. Le but que je poursuis est de faire produire à la terre autant qu'il lui a été donné de pouvoir produire, et je suis profondément convaincu que l'assolement rationnel est la seule voie qui peut conduire à ce but sans consommer plus de fumier que la culture ordinaire.

Non-seulement l'assolement rationnel fait naître dans le sol une grande richesse de fécondité, mais, de plus, il l'utilise sans l'épuiser, il la ménage, il la conserve; tandis que l'assolement triennal, qui en recueille à grand'peine une faible dose dans les labours répétés de l'improductive jachère, en fait un véritable gaspillage. C'est ce qui a été remarqué par les observateurs les plus superficiels à l'occasion des défrichements de forêts ; et la remarque a été si générale, que, dans l'opinion d'un grand nombre de cultivateurs, il n'y a point de terrain qui devienne aussi promptement stérile qu'un défrichement de bois, ni qui soit aussi difficile à *remonter* une fois qu'il est épuisé. On ne devrait pas s'en étonner, à la manière dont on en use ou plutôt dont on en abuse. Combien de fois, depuis que je m'occupe d'euphorimétrie, n'ai-je pas prédit, sans me tromper jamais, le temps et en quelque sorte le moment fixe où un défrichement chargé de riches moissons ne donnerait plus que des récoltes d'une valeur insuffisante pour couvrir le fermage et les frais de culture? C'est un sujet d'études curieuses, pleines d'enseignements utiles, et dans lesquelles l'euphorimétrie appliquée n'est jamais en défaut. Il ne sera pas déplacé d'en donner ici un exemple.

En jetant les yeux sur le 33e tableau, on remarque qu'après 5 années de végétation d'une luzerne fumée à 210 voitures, le sol se trouve muni de 377°,74 de fécondité. On a vu que, sur un terrain de cette richesse, l'assolement rationnel pouvait fonctionner à récoltes pleines pendant 168 ans, sans avoir besoin d'une seule voiture de fumier ; qu'au bout de cette longue période, le sol restait encore en possession de 142°,14 : de telle sorte qu'avec 20 voitures de fumier il serait en état d'entreprendre une nouvelle rotation de 21 ans aussi productive que toutes les autres. Or, il n'est pas très-rare de rencontrer des défrichements de forêts en plaine qui offrent une pareille accumulation de fécondité. Supposons un sol de cette richesse livré à un cultivateur triennal ; examinons ce qu'il devient entre ses mains, et mesurons dans un tableau euphorimétrique la rapidité de son épuisement. L'agriculteur le plus circonspect, le plus modéré, débute par une avoine pour achever l'ameublissement du terrain, et il commence à pratiquer la jachère après trois récoltes de céréales. — Voyons cependant ce qui arrive fatalement sous l'inflexible puissance des lois de la nature.

XXXVe TABLEAU.

Riche défrichement dans lequel la jachère commence à être pratiquée après 3 récoltes de céréales.

		FÉCONDITÉ		
		ajoutée.	absorbée.	restante.
	Fécondité actuelle. . .	»	»	377°,74
ANNÉES.	RÉCOLTES.			
1.	Avoine.	»	37°,50	340, 24
2.	Blé.	»	60, »	280, 24
3.	Avoine.	»	37, 50	242, 74
4.	Jachère	17°,40	»	260, 14
5.	Blé.	»	60, »	200, 14
6.	Avoine.	»	37, 50	162, 64
7.	Jachère	17, 40	»	180, 04
8.	Blé.	»	60, »	120, 04
9.	Avoine.	»	30, 01	90, 03
10.	Jachère	11, 40	»	101, 43
11.	Blé.	»	40, 57	60, 86
12.	Avoine.	»	15, 22	45, 64
13.	Jachère (*fumure utile*)	6, 96	»	52, 60
14.	Blé.	»	21, 04	31, 56
15.	Avoine.	»	7, 89	23, 67
16.	Jachère (*fumure nécessaire*).	4, 76	»	28, 43
17.	Blé.	»	11, 37	17, 06
18.	Avoine.	»	4, 27	12, 79
19.	Jachère (*fumure nécessaire*).	3, 68	»	16, 47
20.	Blé.	»	6, 59	9, 88
21.	Avoine.	»	2, 47	7, 41
	Détérioration du sol. . .	»	370, 33	»

Blé, 259°,57 absorbés, produisant 227 hectolitres 12 litres valant 4,542f 40c

Avoine, 172°,36 absorbés, produisant 402 hectolitres 63 litres valant 3,019 72

Paille, 64,400 kilogrammes valant. . . . . . . 1,932 »

Total général des produits bruts de 21 ans. . 9,494 12

Produit brut moyen par année. 452 10

Telle est la marche rapide que suit l'épuisement, telle est la promptitude avec laquelle se dissipe un trésor lentement accumulé par les siècles, trésor que l'assolement rationnel aurait su ménager et rendre pour ainsi dire inépuisable tout en lui imposant la tâche d'une merveilleuse et incessante production. Et pourtant on a usé ici d'une sorte de discrétion : on a fait intervenir la jachère après la troisième récolte de céréales ; au lieu de faire plusieurs récoltes successives de blé, on les a alternées avec des récoltes d'avoine. Combien de fois n'arrive-t-il pas que le cultivateur, plus avide et plus imprévoyant, sème blé sur blé? ou, s'il alterne avec une avoine, ce n'est qu'au bout de dix ans que, contraint par l'envahissement des herbes sauvages, il se résout enfin à concéder au sol le répit d'une jachère, tant il semble pressé de jouir, tant il semble craindre, dans son aveugle cupidité, que cette richesse lui échappe ou s'amoindrisse s'il ne se hâte de la recueillir ! En vain les plantes parasites, qui se propagent de plus en plus chaque année en même temps que les récoltes diminuent, l'avertissent que le sol faibiit et qu'il est temps d'interrompre le cours d'une culture dévorante : rien ne l'arrête, il ne peut se persuader qu'une terre naguère si féconde soit réduite à un état voisin de l'inanition ; et, comme s'il avait mission d'extirper une fertilité maudite, il poursuit impitoyablement son œuvre d'épuisement et de stérilisation, jusqu'à ce qu'enfin le sol exténué ne restitue plus qu'à peine la semence qu'on lui confie. Et il ne faut pas croire que, parce qu'il aura été plus avide et plus exigeant que celui qui a accordé de bonne heure au sol le répit de la jachère, il en aura retiré de plus grands produits : non ; il aura épuisé plus vite, il aura épuisé davantage, et en définitive il aura moins récolté.

C'est ce qui est établi par le tableau suivant, où la jachère n'est introduite qu'après 9 récoltes successives de céréales. Dans ce tableau, comme dans celui qui précède, la culture est poursuivie pendant 21 ans sans fumier, malgré le besoin qui s'en manifeste d'assez bonne heure, afin de montrer avec quelle célérité s'effectue la ruine des terres de défrichement par le mode d'exploitation auquel on les soumet.

XXXVIe TABLEAU.

Riche défrichement dans lequel la jachère n'est introduite qu'après 9 récoltes successives de céréales.

		FÉCONDITÉ		
		ajoutée	absorbée.	restante.
	Fécondité actuelle. . .	»	»	377°,74
ANNÉES.	RÉCOLTES.			
1.	Avoine.	»	37°,50	340, 24
2.	Blé.	»	60, »	280, 24
3.	Avoine.	»	37, 50	242, 74
4.	Blé.	»	60, »	182, 74
5.	Avoine.	»	37, 50	145, 24
6.	Blé.	»	58, 10	87, 14
7.	Avoine.	»	21, 79	65, 35
8.	Blé.	»	26, 14	39, 21
9.	Avoine.	»	9, 80	29, 41
10.	Jachère (*fumure nécessaire*).	5°, 34	»	34, 75
11.	Blé.	»	13, 90	20, 85
12.	Avoine.	»	5, 21	15, 64
13.	Jachère (*fumure nécessaire*).	3, 96	»	19, 60
14.	Blé.	»	7, 84	11, 76
15.	Avoine.	»	2, 94	8, 82
16.	Jachère (*fumure nécessaire*).	3, 28	»	12, 10
17.	Blé.	»	4, 84	7, 26
18.	Avoine.	»	1, 82	5, 44
19.	Jachère (*fumure nécessaire*).	2, 94	»	8, 38
20.	Blé.	»	3, 35	5, 03
21.	Avoine.	»	1, 26	3, 77
	DÉTÉRIORATION DU SOL. . .	»	373, 97	»

Blé, 234°,17, produisant 204 hectolitres 90 litres valant.	4,098f »c
Avoine, 155°,32, produisant 362 hectolitres 83 litres valant.	2,721 22
Paille, 58,000 kilogrammes valant.	1,740 »
Total général des produits bruts de 21 ans	8,559 22
Produit brut moyen par année.	407 58

Il est maintenant facile de comprendre que la prompte détérioration des plus riches défrichements ne vient que du peu de ménagement dont on use à leur égard. Et, quant à la difficulté de rendre au sol sa fertilité primitive, ou seulement de le remettre dans un état satisfaisant de production, chacun peut arbitrer les masses énormes de fumier qu'il faudrait y employer.

A ces résultats scientifiques, j'ajouterai un fait qui les confirme et dont j'ai suivi dans le temps toutes les péripéties avec un vif intérêt.

Au mois de septembre 1815, les souverains étrangers qui avaient envahi la France étaient réunis à Dijon avec une nombreuse cavalerie que l'insuffisance des écuries ne permettait pas de loger. Une grande partie des chevaux bivaqua dans un champ près du jardin de l'Arquebuse. Ce champ, d'environ 40 ares, était très peu fertile, parce qu'il était habituellement très-mal fumé. Les chevaux y séjournèrent nuit et jour pendant plus d'un mois, aussi serrés que dans une écurie, et y laissèrent une couche de fumier de 30 à 40 cent. d'épaisseur sur toute sa surface. J'étais très-curieux de voir les récoltes que produirait cette dose extraordinaire de fumier. Le champ ne fut labouré qu'au printemps de l'année 1816, et, à mon grand désappointement, on y sema une luzerne seule, qui occupa le sol pendant cinq ans. Sa végétation fut extrêmement vigoureuse, et elle croissait avec une rapidité telle qu'on la fauchait cinq à six fois par an. Elle fut enfin rompue, et suivie de trois récoltes de blé qui ne versèrent point et furent toutes trois magnifiques : les feuilles étaient larges, d'un vert foncé ; les épis longs, serrés et bien fournis. Au troisième blé succéda une orge avec laquelle on sema du trèfle ; ces deux récoltes furent encore très-belles. Après le trèfle, on reprit la culture alternative des céréales d'hiver et de printemps, sans interruption et sans fumier ; les récoltes déclinèrent rapidement d'année en année, et au bout de 14 ou 15 ans le champ était rentré dans son état primitif d'extrême médiocrité, sans avoir conservé le moindre vestige de sa splendeur passagère. S'il eût été soumis au régime rationnel, il aurait conservé indéfiniment la richesse de fécondité qu'il devait à la munificence de la fortune.

Je me résume en quelques lignes.

Parmi les lois de la nature qui président aux fonctions du règne végétal, il en est une que personne ne saurait méconnaître : c'est celle qui donne aux céréales récoltées en grains la propriété d'épuiser la fertilité de la terre, et aux plantes légumineuses fauchées en vert le pouvoir de l'augmenter. Ce double phénomène d'épuisement et d'amélioration, si apparent qu'il frappe les yeux de tous, était par cela même susceptible d'être apprécié, estimé, mesuré. Aussi l'a t-il été bien avant que la fertilité eût été soumise elle-même à un mode régulier de mesurage.

Le rapprochement d'un très-grand nombre d'observations a fait voir que l'épuisement causé par les céréales était une aliquote *fixe* de la fécondité totale existant dans le sol ; *variable* seulement selon l'espèce de céréale produite : les 2/5 pour le blé, les 3/10 pour le seigle, le 1/4 pour l'orge et pour l'avoine.

D'autres observations ont fait reconnaître que l'amélioration procurée par les légumineuses fauchées en vert était proportionnée à la fécondité déjà existante dans le sol, et que son aliquote variait suivant le plus ou le moins de cette fécondité préexistante ; que, par exemple, elle était de 1/9 seulement dans les terres d'une très-basse fécondité, de 1/8 et de 1/7 dans les terres d'une fécondité ascendante très-modique, d'un peu plus de 1/6 dans celles d'une fécondité moyenne, et d'un peu moins de 1/5 dans les sols d'une fécondité très-élevée.

Il restait à soumettre la fécondité elle-même à un mode rationnel et normal de mesure : on y est parvenu en adoptant pour unité ou valeur d'un degré l'effet de végétation que produit une voiture de fumier du poids de 1,000 kilogrammes sur un hectare de terrain. On a reconnu qu'elle donnait lieu à une production de 35 litres de blé ou de seigle, de 42 litres d'orge, de 58 litres d'avoine, ou à une production annuelle de 240 kilogrammes de luzerne sèche, de 160 kilogrammes de trèfle, et de 120 kilogrammes de sainfoin ou de vesces. Ainsi, un sol contient autant de degrés de fécondité qu'il a produit de fois 35 litres de blé, ou qu'il a produit de fois 120 kilogrammesde vesces à fourrage, etc.; d'où il suit que si une récolte de blé a rapporté 14 hectolitres par hectare (en sus de la semence), ou si une récolte de vesces a rendu 4,800 kilogrammes de foin, en divisant 14 hectolitres par 35 litres ou 4,800 kilogrammes par 120 kilogrammes, on découvre que dans l'une et l'autre hypothèses la fécondité du sol était de 40 degrés ; et, en faisant la part de l'épuisement opéré par la première de ces récoltes ou de l'amélioration causée par la seconde, on arrive à constater que dans le premier cas la fécondité du sol se trouve réduite à 24 degrés, et que dans le second elle est portée à 47°,20.

Avec ces trois données : *la détermination de la quotité d'épuisement, celle de la quotité d'amélioration*, et *l'adoption d'une base normale pour l'évaluation de la fécondité du sol*, tous les problèmes de la science agronomique sont facilement résolus par de simples opérations d'arithmétique, dont les résultats ont toute la précision et l'infaillibilité qui sont le propre des sciences mathématiques.

Ainsi, à l'aide de ces données ou quantités connues, on détermine d'avance par le calcul les produits de tous les systèmes possibles de culture, on évalue en chiffres leur influence sur la fécondité du sol, on les soumet à une sorte d'analyse ou de décomposition mathématique qui en fait apprécier la juste valeur. On a donc pu, à l'aide des mêmes moyens et des mêmes calculs, se livrer avec une certitude entière à la recherche d'une combinaison de récoltes dont la disposition fût telle, qu'elle procurât d'abondants produits en même temps qu'elle apporterait au sol une grande augmentation de fertilité, source première de toute prospérité agricole. L'assolement rationnel a été le fruit de cette recherche. On a vu comment et avec quel avantage il pouvait être substitué à la culture triennale.

Là ne s'arrêtait point l'œuvre d'application d'une théorie si féconde. Il fallait tendre au but suprême de la perfection de l'art, c'est-à-dire à la plus haute production possible. Il fallait donc déterminer d'abord quelle est la limite extrême des produits les plus élevés, puis calculer la dose de fertilité dont le sol a besoin pour y atteindre ; et le calcul a fait connaître qu'une fécondité de 150 degrés est indispensable pour accomplir la création des plus forts produits de divers genres, que tout ce qui excède et ne concourt pas à la production du moment demeure en réserve dans le sol pour servir aux productions ultérieures. Le calcul a fait connaître aussi que l'assolement rationnel qui reçoit 140 voitures de fumier par hectare donne pendant 21 ans des récoltes toutes pleines et entières, en ajoutant au sol un très-grand surcroît de fertilité ; que, lorsqu'il reçoit 210 voitures, il fournit pendant 168 ans une série de produits toujours complets ou du moins pouvant l'être, sans avoir besoin d'une seule voiture de fumier, et en laissant dans le sol une fécondité encore cinq fois et demie plus élevée que celle qui s'y trouvait au moment de sa mise en culture rationnelle.

140 voitures! 210 voitures! va-t-on s'écrier ; mais où trouver des masses pareilles de fumier, et comment, dès lors, pouvoir satisfaire aux conditions exigées?

140 voitures de fumier, c'est juste la quantité que consomme en 21 ans un hectare de terrain soumis au régime triennal, et qui ne reçoit qu'une très-modique fumure de 20 voitures tous les trois ans. 210 voitures de fumier, ce n'est rien de plus que la quantité consommée par un hectare qui reçoit une fumure ordinaire de 30 voitures dans la sole de jachère.

Et, quant à la difficulté de se les procurer pour en faire l'avance au début de l'assolement rationnel au lieu de les distribuer par 1/7 tous les trois ans, on n'a qu'à se reporter à ce qui a été dit dans la deuxième partie sur la transformation d'une culture triennale en culture rationnelle, et l'on verra que lorsque la transformation est achevée, un certain nombre d'années s'écoulent sans qu'on ait besoin d'une seule voiture de fumier pour faire marcher l'exploitation. Qu'est-ce qui empêche de tenir en réserve quelques hectares de terrain pour leur appliquer, aux doses indiquées, le fumier sans emploi qu'on a alors à sa disposition? Une ferme d'une étendue moyenne de 50 à 60 hectares ne confectionne pas moins de 3 à 400 voitures de fumier par an; un domaine de 84 hectares, tel que nous l'avons supposé en parlant de la transformation *par progression* d'une culture triennale en culture rationnelle, en fabrique annuellement 560 voitures, ou 3,360 voitures dans les 6 années qui suivent la transmutation entière du domaine et avant qu'il réclame aucune nouvelle application d'engrais. Une si grande richesse *stercorale* permet de doter libéralement les quelques hectares réservés; 16 d'entre eux peuvent recevoir 210 voitures chacun sans recourir à des ressources étrangères; et l'on ne doit guère éprouver de répugnance, ce me semble, à concéder 210 voitures de fumier dont on n'a pas d'usage à faire ailleurs, à un hectare de terrain qui est appelé à donner des récoltes pleines pendant 168 ans, sans qu'il soit nécessaire de renouveler sa fumure durant cette longue période.

FIN.

www.ingramcontent.com/pod-product-compliance
Ingram Content Group UK Ltd.
Pitfield, Milton Keynes, MK11 3LW, UK
UKHW021824190726
13853UKWH00003B/1171